# 처음, 빵을 만들다

식빵부터 페이스트리까지
누구나 쉽게 만드는 빵

청음, 빵을 만들다

타케야 코지 지음
유민 옮김

시그마북스
Sigma Books

# 처음, 빵을 만들다

**발행일** 2020년 3월 16일 초판 1쇄 발행
**지은이** 타케야 코지
**옮긴이** 유민
**발행인** 강학경
**발행처** 시그마북스
**마케팅** 정제용
**에디터** 최윤정, 장민정, 장아름
**디자인** 최희민, 김문배

**등록번호** 제10-965호
**주소** 서울특별시 영등포구 양평로 22길 21 선유도코오롱디지털타워 A402호
**전자우편** sigmabooks@spress.co.kr
**홈페이지** http://www.sigmabooks.co.kr
**전화** (02) 2062-5288~9
**팩시밀리** (02) 323-4197
**ISBN** 979-11-90257-28-2 (13590)

PRO NO RIRON GA YOKUWAKARU ICHI KARA NO PAN ZUKURI
ⓒ KOJI TAKEYA 2018
Originally published in Japan in 2018 by ASAHIYA PUBLISHING CO.,LTD., TOKYO.
Korean translation rights arranged with ASAHIYA PUBLISHING CO.,LTD., TOKYO,
through TOHAN CORPORATION, TOKYO, and EntersKorea Co.,Ltd., SEOUL.

이 도서의 국립중앙도서관 출판예정도서목록(CIP)은 서지정보유통지원시스템 홈페이지(http://seoji.nl.go.kr)와
국가자료공동목록시스템(http://www.nl.go.kr/kolisnet)에서 이용하실 수 있습니다.
(CIP제어번호: CIP2020005509)

* 시그마북스는 (주)시그마프레스의 자매회사로 일반 단행본 전문 출판사입니다.

빵 만들기는 평생 가는 친구입니다.
평생의 친구를
이 책을 통해 만날 수 있기를!

# 들어가며

자, 이제부터 신나는 빵 만들기를 시작해봅시다. 빵 만들기는 생각보다 간단합니다. 빵 만들기는 폭이 넓습니다. 하지만 그만큼 심오하기도 합니다. 그리고 빵 만들기에 매료되면, 평생을 함께하게 됩니다. 함께하면 할수록 실망시키는 법이 없는 반려자와도 같습니다.

시중에는 이미 수많은 홈베이킹 책이 나와 있지만, 이 책은 실제 빵 만들기의 기초와 그 기반이 되는 제빵 이론을 가능한 한 알기 쉽게 해설하는 것을 목표로 삼았습니다. 전문 베이커가 무의식중에 사용하는 전문 용어를 누구나 이해할 수 있는 일상 용어로 번역하고자 했습니다. 안개에 싸여 있던 시야가 확 트여서 더 즐겁게 빵을 만들 수 있도록!

세상에는 많은 종류의 빵이 있습니다. 그 빵들은 전부 각지에서 나는 밀가루를 최대한 맛있게 먹을 수 있도록 그 땅의 어머니들, 베이커들이 고민해서 만들어낸 노력과 애정의 결정체입니다. 여러분도 가족들에게, 주변 사람들에게 맛있는 수제 빵을 선물해보세요.

지금 이 책을 펼쳐든 여러분처럼 빵 만들기에 관심을 가진 사람은 아주 많답니다. 취미로 홈베이킹을 하는 분이나 초보 베이커 분들이 이 책을 통해 서로서로 가르쳐주고, 만든 빵을 자랑하고, 함께 모여 빵을 먹으면서 즐겁게 이야기꽃을 피울 수 있는 모임을 가지게 되기를 바랍니다.

저는 빵을 만들기 시작한 지 50년이 되어갑니다. 하지만 아직도 새로 시험해보고 싶은 것, 도전해보고 싶은 것이 많습니다. 이렇게 하면 더 맛있는 빵을 만들 수 있지 않을까? 이렇게 하면 더 간단하고 편하게 맛있는 빵을 만들 수 있지 않을까? 하고요. 어디선가 여러분과 함께 빵을 만들 날을 기대하고 있겠습니다.

타케야 코지

## 차 례

### STEP 1
## 기본 빵 5종류

### STEP 2
## 빵 만들기 재료

### STEP 3
## 빵 만들기 작업

### STEP 4
## 응용 빵 5종류

# - 〈처음, 빵을 만들다〉 가이드 -

이론을 보기 전에
## STEP 1 일단 만들어보세요

★ 비닐봉지를 사용해 부엌이 더러워지지 않는 반죽
★ 소음 없이 반죽하기
★ 오토리즈를 활용해 가끔 쉬어도 가는 편한 반죽

> 이대로만 따라와도 예쁘게 부푼 빵이 만들어져요!

## 빵을 만들다가 "?" 하는 기분이 든다면

> 재료에 대해서는 STEP 2 빵 만들기 재료(71쪽)로
> 제법에 대해서는 STEP 3 빵 만들기 작업(83쪽)으로

## 다음 단계로 가고 싶다! 라는 생각이 든다면

> STEP 4 응용 빵 5종류(99쪽)로

> 여기까지 만들어보고 나면 그 후로는 스스로 연구해가면서
> 빵집에 진열된 빵들을 거의 다 구울 수 있을 거예요.

## POINT 1

## 비닐봉지 안에서 반죽을!
## 설거지도 간편한 빵 만들기

**1** 일반사단법인 폴리빵 스마일 협회는 '세상에서 제일 간단한 빵 만들기 방법'으로 밀가루와 물을 섞을 때 비닐봉지를 이용한 방법을 보급하고 있습니다. 부엌을 더럽히지 않고, 밀가루와 물을 빠르고 간단하면서도 균일하게 섞을 수 있는 방법이지요. 여기서 반죽을 멈추어도 맛있는 빵이 만들어집니다.

**2** 빵 효모, 유지, 소금을 제외한 원재료로 반죽을 만든 후에는 오토리즈(자기소화, 자기분해) 과정을 20분간 거칩니다. 밀가루에 물을 넣고 놔두면 글루텐이 자연스럽게 결합합니다. 주무르는 것만이 반죽을 연결시키는 방법은 아니랍니다.

**3** 이 책에서는 빵 반죽을 비닐봉지에서 꺼내서 손으로도 반죽합니다. 반죽을 하는 3요소는 '두드리기, 늘이기, 접기'입니다. 셋 중 하나만 해도 반죽이라고 할 수 있어요. 그러므로 이 책에서는 두드리기는 줄이고, 늘이고 접기 중심으로 반죽합니다.

**4**  공정표에 적혀 있는 반죽 횟수에 비닐봉지 안에서 주무른 횟수는 포함되지 않습니다. 이 횟수는 빵을 많이 만들어본 저자의 기준입니다. 독자 여러분은 20~30% 정도 횟수를 늘리는 편이 결과가 더 좋을 수도 있습니다. 또한 제시된 양보다 더 많은 양을 반죽하려면 다시 20~30% 늘리는 것이 좋습니다.

## POINT 2

## 기본과 응용 빵 10종류를 마스터하면 어떤 빵이든 만들 수 있어요

빵을 분류하는 방법은 다양하지만, 아래 표에서는 설탕의 양을 중심으로 부재료의 양, 그리고 버터 롤인 과정의 유무로 분류했습니다.

| 설탕의 양(베이커스 %) | 책에 소개된 빵 |
| --- | --- |
| 0% | 프랑스빵 계통(프랑스빵, 팽 드 캄파뉴) |
| 5~10% | 식빵 계통(식빵, 건포도빵) |
| 10~15% | 테이블 롤 계통(테이블 롤, 옥수수빵) |
| 20~30% | 단과자빵 계통(단과자빵, 브리오슈) |
| 30% 이상 | 스위트 롤 계통 |
| 롤인 과정이 있는 빵 | 크루아상, 데니시 페이스트리 |

이 책에서는 각 분류를 대표하는 빵으로 위와 같은 빵들을 골랐습니다. 먹고 싶은 빵을 어느 정도 구워보고 나면 더 크게 부풀어오른, 더 부드러운, 더 맛있는 빵을 만들고 싶어질 것입니다. 그럴 때는 STEP 2, STEP 3을 펴서 재료에 대해 알아보고, 작업의 포인트는 어디에 있는지 탐구해보면서 빵을 만들어보세요. 탐구하는 만큼 만들 수 있는 빵은 무한히 많아집니다.

## POINT 3

## 손으로 반죽할 때는
## 밀가루를 이렇게 선택하자

이 책에서는 순전히 수작업으로 반죽을 만들고자 합니다. 대량으로 빵을 만들어야 하는 빵집에 서는 기계 믹서를 사용합니다. 인간의 손으로는 아무리 노력해도 기계처럼 글루텐을 형성할 수 는 없습니다. 아래 그림에 그 차이를 간단히 표현했습니다.

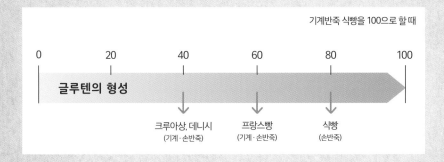

그러므로 손으로 반죽할 때와 기계로 반죽할 때는 밀가루도 다르게 써야 합니다.
기본적으로 빵을 부풀리기 위한 조건은 이렇습니다.

① 단백질이 많은 밀가루는 힘이 강한 고속 믹서로 반죽한다.

② 단백질이 적은 밀가루는 힘이 약한 저속 믹서로 반죽한다.

③ 단백질이 중간 정도인 밀가루는 중간 정도 속도로 반죽한다.

즉, 고단백 밀가루를 사오더라도 고속 믹서에 필적하는 속도와 힘으로 반죽할 수 없다면, 그 밀가루가 만들 수 있는 글루텐의 최대치까지는 도달할 수 없다는 뜻입니다. 물론 빵을 크고 둥그 렇게 부풀릴 수 있는 잠재력은 고단백 밀가루 쪽이 큽니다. 하지만 사람의 손힘으로는 그 잠재력 을 충분히 발휘시킬 수가 없으며, 어중간한 반죽은 오히려 빵이 덜 부푸는 결과를 가져옵니다. 그래서 STEP 4에서는 손으로 반죽한다는 것을 전제로 단백질량이 11.0~11.5%를 넘지 않는 밀 가루를 사용했습니다.

빵을 만드는 방법은 한 가지가 아닙니다. 밀가루에 맞는 믹서를 골라도 되고, 손반죽에 맞는 밀가루를 골라도 됩니다. 그래서 STEP 4에서는 ③번 밀가루를 선택한 것입니다.

## POINT 4

## 베이커스 퍼센트를 알아보자

빵을 굽기 전에, 전문 베이커의 세계를 살짝 들여다볼까요? 바로 빵을 굽고 싶다면 이 부분은 건너뛰어도 좋습니다. 두세 번 빵을 굽고 난 다음에 읽는 편이 더 깊게 이해할 수도 있습니다.

먼저 '배합'을 보세요. 여기에는 원재료 이름과 재료의 양·비율이 표시되어 있습니다. 원재료의 종류는 기본적인 것들로 한정했습니다.

| | |
|---|---|
| ① 밀가루 | 100 |
| ② 인스턴트 드라이 이스트 | a |
| ③ 소금 | b |
| ④ 설탕 | c |
| ⑤ 버터 | d |
| ⑥ 달걀 | e |
| ⑦ 우유 | f |
| ⑧ 물 | g |
| 합계 | X |

"이 책에서는 물의 분량을 일정 수치로 표기하고 있지만, 실제로는 사용하는 밀가루에 따라서 ±3% 정도 차이가 납니다. 일단은 그대로 구워보고 다음부터 조절해봅시다."

이렇게 8가지+@입니다. 표기 순서도 이 순서를 따릅니다. ①~③은 제빵에 있어 중요한 순서, ④~⑧은 수분이 적은 순서입니다. 이렇게 순서를 정해두면 깜박 잊고 재료를 빠뜨리는 사태를 방지할 수 있습니다.

다음으로 원재료의 양과 배합에 관해서 알아보겠습니다. 베이커들은 빵의 배합(재료의 배합)을 적을 때, 우리가 학교에서 배운 백분율과는 다른 베이커스 퍼센트라는 숫자를 사용합니다. 백분율로 나타낸 양은 전부 더하면 100이 되는 데 반해, 베이커스 퍼센트는 밀가루(곡물을 여러 종류 사용할 때는 곡물류 전체)를 100으로 놓고 다른 재료의 비율이 어느 정도인지를 나타냅니다. 결과적으로 베이커스 퍼센트는 전부 더하면 180이나 250처럼 반드시 100보다 큰 숫자 X(100+a+b+c+d+e+f+g)가 됩니다.

왜 굳이 이렇게 쓸까 싶은 분들도 있겠지만, 이 표기법에는 편리한 점이 많답니다. 이 책에서는 가끔 베이커스 퍼센트로 설명을 하니, 전문가의 세계에 살짝 발을 들인다고 생각하고 베이커스 퍼센트에 익숙해져봅시다.

## POINT 5

## 전문가의 '공정표'를 이해하자

본문에는 빵의 재료 사진 옆에 '공정표'를 실었습니다.

　조금 어렵게 보일지도 모르지만, 시간·온도·중량과 핵심만을 간결하게 표현한 공정표는 익숙해지면 아주 편리합니다. 전문가들은 이 표만 보고도 제법을 이해하고 작업에 들어갈 수 있습니다.

　작업의 내용이나 의미, 포인트 등은 STEP 3에서 설명해놓았습니다.

　아래 표에서 반죽을 만졌다가 휴지시키고, 또 만졌다가 휴지시킨다는 반복적인 흐름을 주목해보세요.

　작업을 한 뒤(반죽에 부하를 준 뒤)에는 만드는 사람도 반죽도 지치게 되니 꼭 쉬는 시간을 가지세요. 이것을 '가공경화'와 '구조완화'라고 합니다. 즉, 어떤 작업을 하면(부하를 주면) 빵 반죽이 '가공경화'를 일으키므로, 그 뒤에는 꼭 쉬면서 '구조완화'하는 시간을 두는 것이 밀가루 반죽의 특성을 이용한 제빵 과정의 기본입니다. 이렇게 해서 빵 반죽이 받는 부담을 최소화하면 볼륨감 있는 빵을 구울 수 있습니다. 이러한 귀찮은 작업을 나타낸 것이 아래 공정표입니다.

　빵마다 소요 시간이나 환경이 다르지만, 반죽은 이 흐름대로 단단해졌다가 부드러워지기를 반복한다는 것만 알아두세요.

### 공정표(예)

| 반죽 | 재료를 섞어 한 덩어리로 만들기 | 가공경화 | 만지면 단단해진다 |
|---|---|---|---|
| 발효 시간(27도, 75%) | 발효하기, 반죽을 부풀리기 | 구조완화 | 휴지시켜서 부드럽게 만든다 |
| 분할·둥글리기 | 반죽을 정해진 무게로 나누고 둥글리기 | 가공경화 | 만지면 단단해진다 |
| 벤치 타임 | 분할한 반죽을 휴지시키기 | 구조완화 | 휴지시켜서 부드럽게 만든다 |
| 성형 | 원하는 모양으로 만들기 | 가공경화 | 만지면 단단해진다 |
| 2차 발효(32도, 80%) | 최종발효, 반죽을 부풀리기 | 구조완화 | 휴지시켜서 부드럽게 만든다 |
| 굽기(200도) | 빵 굽기 | | |

　덧붙여, 후반에 하는 가공경화일수록 빵 반죽에 큰 영향을 끼친답니다.

## POINT 6

## 남은 반죽은 냉장 숙성을 하면 더 맛있어진다

테이블 롤이나 단과자빵 종류는 밀가루 250g으로 12개를 만들 수 있습니다. 너무 많다고 이보다 반죽량을 줄여서 구우려고 하면 더 까다로워집니다. 남은 빵은 이웃집과 나누어도 좋겠지만, 이제 막 빵을 만들기 시작한 단계에서는 그럴 자신도 없을 수 있지요. 그럴 때는 편리하고 빵도 더 맛있어지는 냉장 숙성을 해보세요. 이 방법에 익숙해지면 반죽을 많이 만들어두고 그날그날 구울 수도 있답니다.

　본문에서는 각 빵의 레시피마다 '응용편'이라는 제목으로 반죽의 냉장 숙성법을 소개했습니다. 기재된 양 이상으로 한꺼번에 만들어도 되지만, 반죽 횟수도 그만큼 늘어나므로 손반죽으로 빵을 만들 때는 힘과 체력의 한계도 고려하도록 하세요.

## 빵에 관한 용어

**크러스트:** 빵의 겉껍질.

**크럼:** 빵 안쪽의 부드러운 부분.

**내상(속살):** 빵 안쪽의 모양 혹은 상태, 기포의 형상. 반죽과 발효의 결과로 나타난 모양·생김새.

**하스 브레드:** '하스'란 화덕이라는 뜻 석제 바닥이 있는 프랑스빵 전용 오븐 등에서 바닥에 직접 빵 반죽을 올려 굽는 빵을 하스 브레드(직화빵)라고 부릅니다.

**하드 타입과 소프트 타입:** 린 타입의 빵은 대부분 딱딱하게 구워지므로 하드 타입, 부재료가 많은 빵은 부드럽게 구워지므로 소프트 타입이라고도 합니다.

**린과 리치:** 제빵의 기본재료 4종류(곡물. 빵 효모. 소금. 물)만으로 만든 빵을 린 타입, 그 외의 부재료(유지. 달걀. 유제품)를 풍부하게 첨가한 빵을 리치 타입이라고 합니다. 리치라는 단어를 쓰는 이유는 재료를 많이 넣기 때문입니다.

## 제빵에 관한 용어

**오토리즈하다, 발효하다, 최종 발효하다:** 반죽을 휴지해서 성장시키기 위해 시간을 두는 것을 말합니다.

**가수:** 밀가루에 수분을 머금게 하기 위해 물을 넣는 것.

**오븐 팽창:** 오븐 안에 넣은 반죽이 일정 크기가 될 때까지 위 또는 좌우로 커지는 것.

**흡수, 흡수율:** 밀가루가 수분을 흡수하는 것. 혹은 그런 능력, 비율.

**쿠프가 약하다:** 프랑스빵 등에 넣은 칼집이 목적(수분을 증발시키기)을 달성하기에 충분하지 못하거나, 혹은 외관상 칼집이 예쁘게 벌어지지 않음을 말합니다.

**공정·공정표:** 만드는 방법. 최소한의 수순을 시간과 온도(습도), 중량과 함께 표기한 것.

**주재료와 부재료:** 빵 만들기의 기본 재료 4종류(밀가루. 이스트. 소금. 물)를 주재료라고 하며, 그 외는 부재료로 봅니다.

**손반죽:** 손반죽은 좁은 의미로는 믹서를 사용하지 않고 손으로 반죽하는 것을 뜻하는데, 넓은 의미로는 반죽을 완성하는 데까지 포함됩니다.

**늘이다:** 이 책에서는 평면적으로 넓게 하는 것을 '늘이다' 라고 합니다.

**배합:** 재료와 재료의 필요량·비율을 나타낸 것으로, 요리에서 레시피 재료와 같은 뜻이라고 생각하면 됩니다.

**복온:** 냉장·냉동으로 식힌 반죽을 실온으로 돌리는 것.

**반죽하기(믹싱):** 재료를 섞어서 '늘이고, 접고, 두드리는' 3요소를 통해 반죽을 만들기 위한 작업. 이 책에서는 '두드리기'는 사용하지 않습니다. 늘이기, 접기'만으로 반죽하며, 다른 단어로 '주무르다', '치대다' 등의 표현도 사용했습니다.

# STEP 1

# 기본 빵 5종류

초급편인 STEP 1에서는 빵집에 진열된 여러 빵들을 5종류로 나누어서 각 빵들의 대표적인 배합과 공정을 소개합니다.
온도, 습도 등의 숫자도 제시되어 있지만 익숙해질 때까지는 크게 신경 쓰지 말고,
가벼운 마음으로 반죽하고, 기다리고, 구워보세요.
그때 그때 시간이나 온도를 기록해놓으면 다음번에는 훨씬 더 잘 만들 수 있습니다.
자, 일단은 도전해봅시다.

# 테이블 롤 TABLE ROLLS

가장 만들기 쉬워서 처음 제빵에 도전할 때 알맞은 배합입니다. 식빵처럼 구우면 깊은 맛이 나는 '호텔 빵'이 되고, 앙금을 넣으면 간식용 빵으로도 변신한답니다. 만능의 배합이랄 수도 있겠네요.

| 롤 |
| 리본 |
| 고리 |

| 카레빵 | 버터롤 | 꽃 |

## 【 공정 】

| 반죽 | 손반죽 (40회, IDY 첨가 후 10회, AL 20분 후 150회, 소금 · 버터 첨가 후 150회) |
|---|---|
| 반죽 온도 | 28~29도 |
| 발효 시간(27도, 75%) | 60분, 펀칭, 30분 |
| 분할 · 둥글리기 | 40g × 12개 |
| 벤치 타임 | 20분(버터롤은 10분↓ 10분 |
| 성형 | 롤 모양, 버터롤 모양 등 |
| 2차 발효(32도, 80%) | 50~60분 |
| 굽기(210→200도) | 8~10분 |

IDY: 인스턴트 드라이 이스트    AL: 오토리즈

# 배합(재료)

## Chef's comment

### 【 재료를 고르는 법 】

슈퍼에 진열된 밀가루 중 제빵용 밀가루(강력분)를 고르세요.
브랜드도, 국내산인지 외국산인지도 상관없지만 종류에 따라 넣어야 하는 물의 양이 조금씩 달라집니다.

빵을 발효시키는 효모에는 다양한 종류가 있습니다. 이번에는 인스턴트 드라이 이스트(레드)를 씁니다.

평소 요리에 쓰는 소금을 사용합니다.

평소 요리에 쓰는 설탕을 사용합니다. 전문가는 설탕 종류를 구분해서 쓰기도 하지만, 결과물에 큰 차이는 없습니다. 처음에는 주변에 있는 것을 사용하세요.

부엌에 있는 버터, 마가린, 라드 등 평소에 사용하는 고형 유지를 사용하세요. 여기서는 무염 버터를 사용했습니다.

표에 적힌 중량은 껍데기를 제외한 내용물의 중량입니다. 흰자와 노른자를 잘 섞어서 사용하세요.

냉장고에 있는 우유면 됩니다. 우유를 넣으면 맛과 색이 좋아지지만 알레르기가 있다면 두유나 물로 대체해도 좋아요.

수돗물도 괜찮습니다. 한국의 수돗물은 연수에 가깝기 때문에 빵을 만들기에 적합합니다.

40g 반죽 12개분

| 재료 | 밀가루 250g 기준(g) | 베이커스 퍼센트(%) |
|---|---|---|
| 밀가루(강력분) | 250 | 100 |
| 인스턴트 드라이 이스트 (레드) | 5 | 2 |
| 소금 | 4 | 1.6 |
| 설탕 | 32.5 | 13 |
| 버터 | 37.5 | 15 |
| 달걀 | 37.5 | 15 |
| 우유 | 75 | 30 |
| 물 | 50 | 20 |
| 합계 | 491.5 | 196.6 |

기타 재료

- 달걀물(달걀과 물을 2:1 비율로 섞고 소금을 살짝 뿌린 것): 적당량
- 필링용 키레: 적당량

## 【 반죽하기 】

### 1

비닐봉지에 밀가루와 설탕을 넣고 공기를 머금도록 한 뒤 잘 흔든다. 한쪽 손으로 입구를 막고 다른 손으로 비닐봉지 아래쪽을 눌러가며 흔들면 봉지가 입체적으로 변해 가루가 잘 섞인다.

### 2

잘 풀어놓은 달걀, 우유, 물을 비닐봉지에 넣는다.

### 3

다시 비닐봉지에 공기를 넣어 입체가 되도록 만들어, 반죽이 봉지 안쪽 면에 강하게 부딪히도록 흔든다.

### 4

반죽이 어느 정도 뭉쳐지면 비닐봉지째 힘껏 주무른다.

### 5

비닐을 뒤집어서 반죽을 작업대 위에 꺼낸다. 비닐에 묻은 반죽은 스크레이퍼로 긁어낸다.

### 6

작업대 위에서 반죽을 밀어 '늘이고' 몸 쪽으로 '접는' 일련의 과정을 40번 정도 반복해 반죽한다. 인스턴트 드라이 이스트를 첨가한 뒤 다시 10번 정도 반죽한다.

### 7

건조주의 온도유지

반죽하기를 멈추고 오토리즈에 들어간다. 반죽을 둥글려서 이음매를 아래로 해 버터를 얇게 펴 바른 볼에 담는다. 마르지 않도록 랩을 씌워 20분간 놓아둔다.

**오토리즈 → 상세 87쪽 참고**

(오토리즈 전)　　　　(오토리즈 20분 후)

### 8

인스턴트 드라이 이스트가 균일하게 퍼지도록 잘 섞는다. 150번 정도 반죽한다.

## 【 반죽에 대해서 】

### ● 반죽하기

이 책에서는 조금 독특한 반죽법을 소개합니다. 비닐봉지를 이용하는 방법입니다. 부엌이 더러워지지 않고, 설거지거리도 적게 나오므로 바쁜 분들에게 딱 좋답니다.

너무 얇지 않은 비닐봉지에 밀가루, 설탕을 넣습니다. 가루류는 아예 계량부터 비닐봉지에 담아서 하면 수고가 덜 듭니다. 그리고 비닐봉지에 공기가 들어가도록 한 뒤 재료가 균일하게 섞이도록 잘 흔들어주세요.

다음으로 잘 풀어놓은 달걀, 우유, 물을 넣고 이번에도 공기를 넣습니다. 비닐봉지를 부푼 풍선처럼 만들어서 힘차게 흔듭니다. 양손을 써서 비닐봉지 안쪽 면에 반죽을 두들긴다는 느낌으로 세차게 흔들어 빵 반죽을 한 덩어리로 만들어갑니다.

다음으로 비닐봉지째 반죽을 계속 주물러 반죽 속에 글루텐 구조가 더 견고하게 연결되도록 합니다. 어느 정도 반죽이 뭉쳐지면 비닐봉지를 뒤집어 반죽을 작업대에 꺼냅니다. 비닐봉지 안에 달라붙은 반죽도 스크레이퍼로 남김없이 긁어냅니다. 이것도 계량한 반죽의 분량에 들어가니까요. 그리고 반죽을 40번 정도 더 치대고, 인스턴트 드라이 이스트를 넣고서 10번 더 치대주세요.

전문 제빵사들은 반죽하는 중간에 휴지 시간을 꼭 집어넣는데, 이것도 반죽하는 단계 중 하나입니다. 빵 반죽이 쉬는 동안에도 반죽 속 글루텐은 얇게 늘어나며 반죽을 한층 성장시킨다는 사실이 과학적으로 증명되었습니다. 이 방법을 오토리즈라고 하며, 자세한 내용은 87쪽에 있습니다. 지금은 오토리즈를 이용하면 반죽하기가 편해진다는 것만 알아두세요.

반죽은 하나로 뭉쳐 볼에 담고, 마르지 않도록 해 휴지시킵니다. 이것이 오토리즈입니다. 오토리즈의 효과는 보통 20분에서 60분이면 나타나므로 여기서는 20분 동안 휴지시켰습니다. 오토리즈를 하면 이후의 작업이 훨씬 편해집니다.

20분 후 다시 '늘이고 접는' 동작을 150번 정도 반복합니다. 이어서 소금과 버터를 반죽에 펴 바릅니다. 효율을 높이려면 반죽을 작게 나눈 뒤 얇게 밀어 늘인 반죽 위에 소금과 버터를 바르고, 그 위에 다른 반죽을 늘여서 덮고 다시 소금과 버터를 바르는 작업을 반복하면 좋습니다.

그 후에 다시 150번 정도 반죽해, 빵 반죽이 23쪽 글루텐 체크 사진처럼 얇게 늘어나면 완성입니다.

**효율을 높이는 포인트**

반죽을 작게 나누어 각 반죽을 얇게 늘여서 겹치는 방법을 사용하면 반죽하는 데 효율이 높아집니다.

**작업대 온도 조절**

큰 비닐봉지에 따뜻한 물(여름에는 차가운 물)을 1리터 정도 넣어서 공기를 빼고 물이 쏟아지지 않도록 꽉 묶어줍니다. 이것을 작업대의 빈 공간에 놓고, 가끔 반죽하는 위치와 비닐 봉지의 위치를 바꿉니다. 작업대를 데우거나 식히면서 반죽하는 것이 실내 온도를 조절하는 것보다 효과적입니다. 사진과 같은 석제 작업대가 특히 온도가 잘 유지됩니다. 사용해보세요!

## 【 반죽 온도 】

⑨

반죽을 펴서 소금과 버터를 바른다.

⑩

'늘이고 접기'를 150번 반복해 반죽을 연결시킨다. 반죽을 작게 잘라서 늘인 다음 포개는 방법을 사용하면 작업이 쉬워진다(21쪽 참고).

⑪

반죽의 온도를 확인한다. 28~29도가 적당하다.

## 【 반죽 발효(1차 발효) 】

건조주의 온도유지

⑫

반죽을 뭉쳐서 다시 7의 볼에 담는다. 마르지 않게 랩을 씌워서 27도가량인 곳에 60분 동안 놓아둔다.

⑬

적당히 부풀면 손가락으로 발효 정도를 테스트해보고 볼에서 꺼내어 가볍게 펀칭한다.

건조주의 온도유지

⑭

다시 볼에 담고 랩을 씌워 12와 같은 환경에서 30분 더 발효한다.

## 【 분할·둥글리기 】

⑮

40g씩 12개로 나눈다

⑯

가볍게 둥글린다.

## 【 벤치 타임 】

건조주의 온도유지

⑰

20분간 벤치 타임을 가진다. 버터롤 모양으로 만들 반죽은 벤치 타임 중간 10분쯤에 당근과 같은 모양을 만든다(23쪽 참고).

## 【 반죽 후 벤치 타임까지의 과정 】

### ● 반죽 온도

빵을 반죽할 때는 온도가 중요합니다. 반죽 온도는 28~29도를 목표로 하세요. 여름에는 차가운 물을, 겨울에는 따뜻한 물을 사용합니다. 전문가들은 물 온도를 엄격히 관리하지만, 초보자는 물 온도를 관리하고자 하는 마음만 가져도 좋습니다. 21쪽에서 볼 수 있듯이 석제 작업대에 온수 혹은 냉수를 놓고 작업하는 방법도 있습니다.

### ● 반죽 발효(1차 발효)와 펀칭

볼에 담아 랩을 씌운 반죽의 발효 장소는 온도 27도, 습도 75%가 목표입니다. 하지만 이때도 수치를 의식만 한다면 환경이 허락하는 온습도 범위 안에서 발효해도 무난합니다.

가능하다면 보온성이 좋은 스티로폼 상자 안에 빵 반죽을 넣고 따뜻한 물 위에 띄우거나, 볼에 랩을 씌워 방에서 가장 따뜻한 곳에 두세요. 공기는 따뜻할수록 가벼워진다는 원리를 알아두면 좋습니다. 즉, 같은 방안에서는 천장 부근이 따뜻하고, 바닥 쪽은 시원합니다.

발효한 지 60분이 지나면 펀칭(가스 빼기)을 합니다. 펀칭 타이밍은 손가락으로 반죽을 눌러보면 알 수 있습니다(오른쪽 사진 참고).

펀칭이란 지금까지 발생한 가스를 가볍게 빼고 다시 둥글리는 과정입니다. 펀칭의 목적은 여러 가지가 있지만 반죽에 힘을 붙여주는 것이 주 목적입니다. 반죽의 탄력을 강하게 만들면 빵을 크게 부풀어오르게 구울 수 있습니다.

### ● 분할 · 둥글리기

40~50g이 일반적입니다. 한 번에 딱 맞게 나누기는 어렵고 더하고 빼면서 무게를 맞추어야 하는데, 이때 반죽을 잡아 뜯지 말고 반드시 스크레이퍼 등으로 잘라서 반죽이 최대한 다치지 않게 합니다.

나눈 반죽은 둥글리는데, 처음 할 때는 잘 되지 않을 것입니다. 그럴 때는 반죽을 반으로 접고, 옆으로 90도 돌려서 다시 반으로 접어보세요. 이렇게 4~5번 반복하면 매끄럽게 둥글릴 수 있습니다.

### ● 벤치 타임

발효를 했던 곳에 반죽이 마르지 않도록 해 10~20분 놓아둡니다. 벤치 타임을 통해서 단단히 수축되어 있던 반죽이 부드럽고 모양을 만들기 좋은 상태로 변합니다.

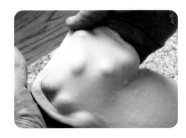

**글루텐 체크**
손가락으로 반죽을 늘여보면 글루텐이 얼마나 잘 형성되었는지 알 수 있습니다. 89쪽에 자세히 나와 있습니다.

**손가락 구멍 테스트**
중지에 밀가루를 묻혀 반죽 가운데를 깊이 찔러봅니다. 손가락을 빼도 구멍이 그대로 남아 있다면 펀칭을 할 타이밍입니다.

버터롤 형태로 만들 반죽은 벤치 타임 시작 10분 후에 당근 모양으로 만들어 놓습니다.

# 【 성형 】

## 18

당근 모양의 반죽을 밀대로 밀어 이등변삼각형으로 만들고, 넓은 쪽부터 돌돌 만다.

## 19

반죽을 가늘고 길게 늘여서 두 번 접는다. 양쪽 끝을 잡아 가운데에서 교차시키고 바닥 쪽으로 말아 넣는다.

## 20

반죽을 가늘고 길게 늘여서 3등분이 되도록 두 군데에 표시한다. 한쪽 끝을 들어 표시한 두 부분을 교차시키고, 다른 한쪽 끝을 만들어진 구멍 속으로 넣는다. 튀어나온 부분은 반대쪽으로 말아 붙인다.

## 21

반죽을 가늘고 길게 늘여서 손가락에 감아 양끝 중 한쪽을 위에서, 다른 한쪽을 아래에서 고리 사이로 통과시키고 뒤에서 여며 꽃 모양을 만든다. 아래에서 넣는 쪽을 길게 잡아서 끝을 위로 나오게 해 가운데에 포인트를 준다.

## 【 성형에 관해 】

### ● 성형

동그란 모양, 즉 롤 모양이 이상적입니다. 다시 만들 때는 분할해서 둥글린 상태 그대로 구워도 좋습니다. 하지만 테이블 롤이라 하면 버터롤을 연상하는 분이 많을 것이라 생각되니, 처음에는 버터롤 모양으로 만들어봅시다. 벤치 타임 중간 10분쯤 지났을 때 둥글린 반죽을 당근처럼 한쪽이 더 굵은 형태가 되도록 세로로 늘이고, 다시 10분이 지나면 밀대로 얇게 펴서 넓은 쪽부터 돌돌 말아 3~4겹이 되게 합니다.

성형이 끝나면 오븐용 팬에 버터를 바르고, 일정한 간격을 띄워 올려놓습니다. 최종 발효와 오븐을 거치면서 반죽이 3~4배 부풀어오른다는 점을 감안해 간격을 넉넉하게 두고 늘어놓으세요.

22

카레빵

반죽을 동그랗게 펴서 카레 필링을 넣고 여민다. 여민 부분을 잡고 물에 적신 키친타올에 반죽 윗부분을 두드려 수분을 머금게 한 뒤 빵가루를 묻힌다. 동그란 모양은 물론 배 모양으로도 만들 수 있다.

### 반죽을 가늘고 길게 늘이는 준비 단계

① 반죽을 평평하게 폅니다.

② 3등분해 위쪽, 아래쪽에서 한 번씩 접습니다.

③ 양 엄지손가락으로 가운데를 누릅니다.

④ 위쪽에서 반을 접어 여밉니다.

⑤ 10cm 정도의 막대 모양으로 늘입니다.

## 【 최종 발효·굽기 전 작업 】

건조주의 온도유지

### 23

버터를 펴 바른 팬 위에서 50~60분 최종 발효를 한다. 발효가 되는 동안 오븐을 예열한다. 오븐 바닥에 스팀용 팬을 넣어 210도로 설정한다.

### 24

발효 후 반죽 윗부분에 달걀물을 고루 바른다.

### 25

반죽을 넣기 직전에 바닥에 넣어둔 스팀용 팬에 물을 200ml 붓는다(수증기가 급격히 발생하므로 화상에 주의한다). 가정용 오븐은 빵 굽기에 알맞은 습도를 유지하기가 어려운데 물을 넣으면 이 결점을 보완할 수 있다.

## 【 굽기 】

### 26

물을 부은 후 바로 반죽을 올린 팬을 넣는다. 오븐 팬을 넣는 곳이 상하단 두 곳일 경우 하단에 넣는다. 팬은 한 번에 1개씩만 넣는다. 오븐을 닫고 설정 온도를 200도로 낮춘다.

### 27

8~10분가량 굽는다. 골고루 구워지지 않는다면 색이 돌기 시작할 즈음 오븐을 열어 팬의 앞뒤 방향을 바꾼다.

### 28

빵 전체에 먹음직스러운 색이 입혀졌다면 완성. 팬을 오븐에서 꺼내어 작업대 위 10~20cm 높이에서 떨어뜨린다.

### 두 번째 팬을 넣을 때

오븐의 설정 온도를 다시 210도로 올려서 24부터 28까지 반복한다.

## Chef's comment

# 【 최종 발효에서 굽기까지 】

## ● 최종 발효 · 굽기 전 작업

32도, 80%를 목표로 조금 높은 온도에서 최종 발효를 합니다. 반죽의 표면이 마르지만 않는다면 온도는 낮아도 상관없지만 그만큼 시간이 더 걸립니다. 원래 최종 발효를 여유 있게 하는 편이 빵 맛도 좋아지고 안정적으로 구워지므로, 표면이 마르지만 않게 해주면 어디서 발효하든 상관없습니다. 팬을 통째로 넣을 수 있는 커다란 스티로폼 상자에 따뜻한 물과 작은 받침대를 함께 넣어 뚜껑을 덮고 반죽이 2~2.5배 부풀어오를 때까지 발효해도 좋고, 상자가 없다면 랩을 반죽에 닿지 않게 씌워서 실온에 두어도 괜찮습니다.

최종 발효를 마친 반죽의 표면을 살짝 말린 다음 달걀물을 바릅니다. 달걀물은 달걀 100, 물 50 비율로 소금을 약간 넣고 거품기로 잘 섞어서 준비해둡니다.

## ● 굽기

200도에서 8~10분 굽습니다. 너무 구워져도, 덜 구워져도 빵이 제대로 완성되지 않습니다. 지금까지 정성을 들여 만들었으니, 이 시간 동안에는 오븐 앞에서 떠나지 말고 지켜보세요. 어떤 오븐은 위치에 따라 구워지는 속도가 다를 수 있습니다. 그때는 팬을 돌려서 균일하게 구워지도록 조절합니다.

빵 전체에 먹음직스런 색이 돌면 오븐에서 팬을 꺼내어 작업대 10~20cm 위에서 떨어뜨려 충격을 줍니다. 이렇게 하면 김이 빠져나가면서 빵이 수축하는 현상을 방지할 수 있습니다 (97쪽 참고).

팬은 오븐에 하나씩만 넣습니다. 다른 팬은 기다리는 동안 반죽이 마르지 않도록 주의하면서 온도가 낮은 곳에 둡니다.

**포장**

빵이 한 김 식으면 바로 비닐봉지로 포장하세요. 실온에 방치하면 향과 수분이 조금씩 날아가버립니다.

**응용편**

### 반죽을 보관했다가 나중에 굽는 방법

❶ 반죽을 분할할 때 필요한 양을 빼놓고 남은 반죽을 비닐봉지에 넣어서 1~2cm 내외로 일정한 두께로 민 다음 냉장고에 보관합니다. 이 과정을 냉장 숙성이라고 합니다.

❷ 다음 날 혹은 그다음 날 반죽을 냉장고에서 꺼내어 따뜻한 곳에 1시간 정도 놓아둡니다.

❸ 반죽 온도가 17도 이상이 되었는지 확인하고 과정 15번부터 작업을 진행합니다.

❹ 3일 이상 보관하려면 냉동실에 보관하세요. 냉동실에 넣어둔 반죽도 일주일 이내에 사용하는 것이 좋습니다. 빵을 굽기 전날 반죽을 냉동실에서 냉장실로 옮긴 다음 위 2번부터 진행합니다.

# 식빵 WHITE BREAD

식빵을 집에서 매일 구울 수 있다면 얼마나 좋을까요? 배합이 심플해서 오히려 만들기 어려운 빵에 속하지만, '제대로 반죽한다'는 포인트만 잡는다면 성공에 한 걸음 다가설 수 있습니다. 반죽한 후에는 빵 효모를 믿고 반죽 속의 효모를 잘 성장시키면 향이 좋고 폭신하게 부푼 빵이 완성됩니다.

식빵

## 【 공정 】

| | |
|---|---|
| 반죽 | 손반죽 (40회, IDY 첨가 후 10회, AL 20분 후 150회, 소금·버터 첨가 후 150회) |
| 반죽 온도 | 27~28도 |
| 발효 시간(27도, 75%) | 60분, 펀칭, 30분 |
| 분할·둥글리기 | 323g × 2개 |
| 벤치 타임 | 20분 |
| 성형 | 핫도그 모양으로 성형해 말기 |
| 2차 발효(32도, 80%) | 오픈 톱 브레드: 50~60분 (풀먼 브레드: 40분) |
| 굽기(210→200도) | 25분 |

IDY: 인스턴트 드라이 이스트      AL: 오토리즈

# 배합(재료)

**Chef's comment**

## 【 재료를 고르는 법 】

강력분을 사용합니다. 같은 강력분이라도 밀가루의 종류에
따라 넣을 물의 양이나 완성된 빵의 볼륨은 서로 다르지만,
어떤 것으로든 맛있는 빵은 만들 수 있으니 크게 걱정하지
않아도 괜찮습니다.

이스트도 테이블 롤과 같은 것을 사용합니다. 혹시 생 효모를
구할 수 있다면 그것을 사용해도 좋고, 다른 종류의 빵 효모
역시 문제없습니다. 효모의 종류에 따른 분량 조절은 74쪽에
소개했습니다.

어떤 소금이든 상관없습니다. 결정 상태로 넣는 것이 일반적
입니다. 효모와 소금을 접촉시키지 않도록 주의하세요. 이 책
에서는 효모를 먼저 넣고 반죽한 뒤 소금을 넣는 '후염법'을
씁니다.

어떤 설탕이든 상관없습니다. 사용 비율은 6%가 표준이지만
빵집마다 2~12% 정도로 다양합니다. 10%까지는 단맛이 난
다기보다 진한 맛이 난다고 인식되는 편입니다. 아이들은 조
금 더 설탕이 많이 들어간 것을 선호할지도 모르겠네요.

고형 유지라면 종류에 상관없이 빵이 부드러워지고 볼륨이
커집니다. 이왕이면 풍미가 깊은 버터를 사용해봅시다. 올리
브오일을 사용해도 되지만, 액체 유지를 사용할 경우 빵이 덜
부풀게 됩니다.

집에 있는 우유를 사용합니다. 빵집에서는 편의성이나 가격
을 고려해 전지분유, 탈지분유, 연유를 사용하기도 합니다.

수돗물도 괜찮습니다. 특별히 미네랄워터, 특히 경도가 높은
프랑스 생수(콩트렉스) 등을 사용하는 사람도 있지만, 특수한
제법을 쓸 것이 아니므로 수돗물이면 충분합니다.

식빵 1개분

| 재료 | 밀가루 250g 기준(g) | 베이커스 퍼센트(%) |
|---|---|---|
| 밀가루(강력분) | 320 | 100 |
| 인스턴트 드라이 이스트 (레드) | 5.3 | 1.5 |
| 소금 | 7 | 2 |
| 설탕 | 21 | 6 |
| 버터 | 17.5 | 5 |
| 우유 | 105 | 30 |
| 물 | 150.5 | 43 |
| 합계 | 645.8 | 187.5 |

## 【 반죽하기 】

1

비닐봉지에 밀가루와 설탕을 넣고 공기를 머금도록 한 뒤 잘 흔든다. 한쪽 손으로 입구를 막고 다른 손으로 비닐봉지 아래쪽을 눌러가며 흔들면 봉지가 입체적으로 변해 가루가 잘 섞인다.

2

우유와 물을 비닐봉지에 넣는다.

3

다시 비닐봉지에 공기를 넣어 입체가 되도록 하고, 반죽이 봉지 안쪽 면에 강하게 부딪히도록 흔든다.

4

반죽이 어느 정도 뭉쳐지면 비닐봉지째 힘껏 주무른다.

5

비닐을 뒤집어서 반죽을 작업대 위에 꺼낸다. 비닐에 묻은 반죽은 스크레이퍼로 긁어낸다.

6

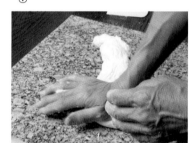

작업대 위에서 반죽을 밀어 '늘이고' 몸 쪽으로 '접는' 일련의 과정을 40번 정도 반복해 반죽한다. 인스턴트 드라이 이스트를 첨가한 뒤 다시 10번 정도 반죽한다.

7

건조주의 온도유지

반죽하기를 멈추고 오토리즈에 들어간다. 반죽을 둥글려서 이음매를 아래로 해 버터를 얇게 펴 바른 볼에 담는다. 마르지 않도록 랩을 씌워 20분간 기다린다.

**오토리즈 → 상세 87쪽 참고**

(오토리즈 전)

(오토리즈 20분 후)

8

인스턴트 드라이 이스트가 균일하게 퍼지도록 잘 섞는다. 150번 정도 반죽한다.

## 【 반죽에 대해서 】

### ● 반죽하기

기본적으로 테이블 롤의 반죽하기와 같습니다.

비닐봉지에 밀가루, 설탕을 넣고 공기가 들어가도록 해 탈탈 흔들고, 액체를 넣은 뒤에는 비닐봉지 안쪽 면에 빵 반죽을 두들긴다는 느낌으로 세차게 흔들어 반죽을 한 덩어리로 만드세요.

어느 정도 반죽이 뭉쳐지면 비닐봉지째 반죽을 주무르다가 비닐봉지를 뒤집어 반죽을 작업대에 꺼냅니다. 비닐봉지 안에 달라붙은 반죽도 스크레이퍼로 남김없이 긁어냅니다. 이것도 계량한 반죽의 분량에 들어가니까요. 그리고 반죽을 40번 정도 더 치대고, 인스턴트 드라이 이스트를 넣고서 10번 더 치댑니다.

부재료의 양이 적은 덕분에 글루텐의 결합과 성장이 빨라서 테이블 롤보다 편하게 반죽할 수 있습니다. 강하게 반죽하면 글루텐이 끈끈하게 결합하며 얇게 늘어나 부드럽고 볼륨이 큰 빵이 됩니다. 반죽을 비교적 약하게 하면 볼륨은 작지만 속살이 노르스름하며 깊은 맛이 나는 식빵이 됩니다.

식빵을 만들 때도 재료를 섞은 뒤 잠시 멈추는 오토리즈를 활용합니다. 재료가 어느 정도 섞였을 때, 혹은 '두드리고 늘이고 접는' 반죽하기에 지쳤을 때 오토리즈를 하면 좋습니다.

반죽이 어느 정도 되었는지 확인하려면 글루텐 체크를 해보면 됩니다 (89쪽 참고). 반죽을 소량 떼어내 양손으로 잡고 손가락으로 문질러가며 반죽을 천천히 잡아당깁니다. 처음에는 잘 안 되겠지만, 계속 반복하다 보면 얇고 넓게 펼칠 수 있게 될 것입니다. 빵 만들기의 필수적인 과정이니 반복해서 연습해보세요.

오토리즈를 하면 이후의 작업이 훨씬 편해집니다. 20분 후 다시 '늘이고 접는' 동작을 150번 정도 반복합니다. 이어서 소금과 버터를 반죽에 펴 바릅니다. 이때도 반죽과 버터를 작게 나눈 뒤 얇게 밀어 편 반죽 위에 소금과 버터를 바르고, 그 위에 다른 반죽을 겹쳐서 늘이고 다시 소금과 버터를 바르는 작업을 반복합니다.

그 후에 다시 늘이고 접기를 150번 정도 반복하고 글루텐 체크를 해봅니다. 반죽이 32쪽 10번 사진처럼 얇게 늘어나면 완성입니다.

**작업대 온도 조절**

큰 비닐봉지에 따뜻한 물(여름에는 차가운 물)을 1리터 정도 넣어서 공기를 빼고 물이 쏟아지지 않도록 꽉 묶어줍니다. 이것을 작업대의 빈 공간에 놓고, 가끔 반죽하는 위치와 비닐봉지의 위치를 바꿉니다. 작업대를 데우거나 식히면서 반죽하는 것이 실내 온도를 조절하는 것보다 효과적입니다. 사진과 같은 석제 작업대가 특히 온도가 잘 유지됩니다. 사용해보세요!

## 【 반죽 온도 】

⑨

반죽을 펴서 소금과 버터를 바른다.

⑩

'늘이고 접기'를 150번 반복해 반죽을 연결시킨다. 반죽을 작게 잘라 늘인 다음 포개는 방법을 반복하면 효율이 좋다(21쪽 참고).

⑪

반죽의 온도를 확인한다. 27~28도가 적당하다.

## 【 반죽 발효(1차 발효) 】

건조주의 온도유지

⑫

반죽을 뭉쳐서 다시 7의 볼에 담는다. 마르지 않게 랩을 씌워서 27도가량인 곳에 60분 동안 놓아둔다.

⑬

적당히 부풀었으면 손가락으로 발효 정도를 테스트해보고 볼에서 꺼낸다.

⑭

건조주의 온도유지

가볍게 펀칭을 한 후 다시 뭉쳐서 볼에 담고 랩을 씌워 12와 같은 환경에서 30분 더 발효한다.

## 【 분할 · 둥글리기 · 벤치 타임 】

⑮

반죽을 둘로 나눈다.

⑯

가볍게 둥글린다.

⑰

건조주의 온도유지

20분간 벤치 타임을 가진다.

**Chef's comment**

# 【 반죽 후 벤치 타임까지의 과정 】

## ● 반죽 온도

식빵 반죽은 27~28도를 목표로 합니다. 여름에는 차가운 물을, 겨울에는 따뜻한 물을 사용하면 되지만, 처음에는 조절하기 어려우니 온도를 의식하려는 마음만 가져도 좋습니다.

## ● 반죽 발효(1차 발효)와 펀칭

볼에 담아 랩을 씌운 빵 반죽의 발효 장소는 온도 27도, 습도 75%가 목표이지만, 이때도 수치를 의식만 한다면 환경이 허락하는 온습도 범위 안에서 발효해도 무난합니다.

반죽을 한 뒤 온도를 확인하는 이유는 27도와 크게 차이가 날 경우 일찌감치 대책을 세워야 하기 때문입니다. 반죽 온도나 주변 기온을 확인해두면 발효 시간을 예측하기가 쉬워집니다. 27도보다 낮다면 발효 시간은 예정보다 길어지고, 높다면 단축됩니다. 자세한 내용은 STEP 3에서 설명해두었습니다.

60분이 경과하면 반죽을 손가락으로 눌러보아 펀칭 타이밍을 확인합니다. 펀칭 후에는 가볍게 다시 뭉쳐서 볼에 담고 랩을 씌워 같은 환경에 30분 더 놓아둡니다.

**손가락 구멍 테스트**

중지에 밀가루를 묻혀 반죽 가운데를 깊이 찔러봅니다. 손가락을 빼도 구멍이 그대로 남아 있다면 펀칭을 할 타이밍입니다.

## ● 분할 · 둥글리기

식빵은 식빵틀을 이용해 굽기 때문에 틀에 맞는 반죽량을 파악해 분할해야 합니다. 가지고 있는 식빵틀의 용적을 알아두세요. 구입할 때 물어보아도 되지만 반드시 한 번은 직접 실측해보아야 합니다(93쪽 참고).

둥글리기는 처음에는 누구에게나 어렵습니다. 하지만 여기서는 잘 하려고 할 필요가 없습니다. 서툴러도 좋으니 대강대강 둥글리세요. 여기서 둥글리기를 꼼꼼하게 하면 오히려 역효과가 납니다. 다음 공정인 벤치 타임이 쓸데없이 길어지고, 빵의 질이 떨어져버려요.

## ● 벤치 타임

발효를 했던 곳에 반죽이 마르지 않도록 해 20분간 놓아둡니다. 20분 안에 빵 반죽의 심(반죽 중심의 응어리)이 사라져서 쉽게 성형할 수 있는 상태가 되지 않았다면 둥글리기를 너무 세게 한 것입니다.

표면이 마르지 않도록 반죽을 덮어두세요.

## 【 성형 】

### 18

반죽을 가볍게 두드려 타원형으로 늘인다.

### 19

밀대를 이용해 두 배 정도의 크기로 넓힌다.

### 20

반죽이 삼등분되는 아래쪽과 위쪽을 접는다.

### 21

이음매를 손가락으로 꾹꾹 누른다.

### 22

가운데 라인을 따라 누른다.

### 23

양손 엄지손가락 전체를 써서 일정한 힘으로 누른다.

### 24

반죽을 몸 쪽으로 반 접어서 핫도그 모양으로 만든다. 18부터 반복해서 2개를 만든다.

### 25

핫도그 모양의 반죽을 끝에서부터 소용돌이처럼 돌돌 만다. 식빵틀 안쪽에 버터를 발라 둔다.

### 26

두 반죽의 말린 방향이 서로 반대가 되도록, 말아놓은 끝부분을 아래로 해서 식빵틀에 넣는다. 이렇게 하면 반죽 2개가 서로 반발하기 때문에 구운 후 반죽 경계 부분에서 깔끔하게 잘린다.

## 【 성형에 관해 】

### ● 성형

이때는 확실히, 힘을 주어 둥글립니다. 밀대로 반죽을 얇게 민 다음에는 왼쪽 사진과 달리 김밥을 말 듯 둘둘 말아서 핫도그 모양으로 만들어도 됩니다. 긴 핫도그 모양의 반죽을 한쪽 끝에서부터 만 다음 말아놓은 끝 부분을 아래로 해서 틀에 넣습니다.

식빵틀에는 버터를 발라둡니다.

### COFFEE TIME

#### 비용적

빵틀의 용적 대비 들어가는 반죽의 비율을 용적비율 혹은 비용적이라는 숫자로 표현합니다. 사각식빵을 예로 들자면, 시판 사각식빵의 평균 비용적은 4.0 정도이지만 가정에서 그 정도로 가볍게 만들기는 어려우므로 여기서는 3.8로 설정했습니다. 어렵게 표현했지만 요점은 틀의 용적을 3.8로 나눈 수치가 틀에 넣을 반죽의 중량이라는 뜻입니다. 반대로 말하면 틀에 넣은 반죽은 3.8배 부풀어서 틀의 용적과 같아집니다. 즉, 같은 식빵틀을 사용했을 때 비용적이 작으면 덜 부푼 빵, 비용적이 크면 더 많이 부풀고 가벼운 빵입니다.

이렇게 계산해서 나온 반죽 중량을 식빵틀의 크기에 따라 2~4개로 분할해서 넣습니다.

실제로 반죽의 분할 중량을 계산해보겠습니다. 대개 식빵틀의 용적은 1700ml이며, 3.8로 나누면 447.4입니다. 계산하기 쉽게 450g으로 잡으면 225g 반죽이 2개 들어가는 것입니다. 이것은 풀먼 식빵의 예이므로 오픈톱(산봉우리형) 식빵은 다릅니다.

## 식빵 WHITE BREAD

### 【 최종 발효 · 굽기 전 작업 】

건조주의  온도유지

**27**

50~60분간 최종 발효를 한다. 오픈 톱 식빵을 구울 때는 식빵틀에서 1~2cm쯤 고개를 내밀 정도로 부풀면 적당하다. 발효가 되는 동안 오븐을 예열한다. 오븐 바닥에 스팀용 팬을 넣어 210도로 설정한다.

**28**

발효된 빵 표면에 물을 분무한다.

**29**

오븐에 망을 넣는다. 상하단 두 곳에 들어갈 경우 하단에 넣는다. 반죽을 넣기 직전에 바닥에 넣어둔 스팀용 팬에 물을 200ml 붓는다(수증기가 급격히 발생하므로 화상에 주의한다). 가정용 오븐은 빵 굽기에 알맞은 습도를 유지하기 어려운데 물을 넣으면 이 결점을 보완할 수 있다.

### 【 굽기 】

**30**

물을 부은 후 바로 반죽을 담은 식빵틀을 넣는다. 오븐을 닫고 설정 온도를 200도로 낮춘다.

**31**

25분가량 굽는다. 골고루 구워지지 않는다면 색이 돌기 시작할 즈음 오븐을 열어 식빵틀의 방향을 바꾼다.

**32**

오븐 천장이 낮아 위쪽이 탈 위험이 있다면 어느 정도 무게가 있는 종이를 덮어 반죽 중심까지 천천히 열이 전달되도록 한다.

**33**

빵 전체에 먹음직스럽게 색이 입혀졌다면 완성. 오븐에서 꺼내어 작업대 위 10~20cm 높이에서 틀째로 떨어뜨려 충격을 준다.

**34**

바로 틀에서 꺼내어 평평한 망이나 틈새가 있는 나무판 위에서 식힌다.

## 【 최종 발효에서 굽기까지 】

### ● 최종 발효 · 굽기 전 작업

32도, 80%가 목표입니다. 온도가 조금 낮더라도 시간이 더 걸릴 뿐 크게 문제되지는 않습니다. 빵집에서는 15도 저온에서 하룻밤 동안 최종 발효를 하기도 합니다. 그러니 반죽이 마르지 않게만 주의하세요.

또, 뚜껑을 덮어 굽는 사각식빵(풀먼 브레드)을 구울 때에는 반죽의 상태나 온도에 따라 차이가 있지만, 대개 빵틀 윗부분에서 1~2cm 낮은 상태로 발효를 마치고 오븐에 넣습니다.

크러스트(빵껍질)가 얇고 윤기 나는 식빵을 굽고 싶다면 스팀용 팬을 미리 오븐 바닥에 넣어서 예열하고, 식빵틀을 넣기 직전에 물을 200ml 붓습니다. 수증기가 급격히 발생하므로 얼른 망 위에 식빵틀을 얹고, 가능한 한 빨리 문을 닫습니다. 화상을 입지 않도록 주의하세요.

### ● 굽기

빵틀의 크기에 따라 다르지만 200도에서 25분이 기본입니다. 오븐을 열고 닫을 때 오븐 내 온도가 급격히 떨어지니 처음에는 210도로 설정했다가 모든 동작이 끝난 후에 200도로 낮추어서 굽습니다.

오븐에 따라 골고루 구워지지 않는 경우가 있으니 오븐에서 눈을 떼지 말고, 필요하다면 중간에 빵틀의 방향을 바꾸어줍니다.

오븐에서 틀을 꺼내면 바로 작업대 위에서 떨어뜨려 충격을 주어 빵의 수축을 방지합니다. 그 후에는 되도록 빨리 빵틀에서 빵을 꺼내 망 위에서 식힙니다. 이때 식힘망이나 받침대는 평평해야 합니다. 바닥이 볼록하거나 오목하면 식히는 동안 빵 옆면이 움푹 팰 수 있습니다.

**뚜껑 있는 틀과 스팀**

책에서는 뚜껑을 덮지 않고 오픈 톱으로 구웠지만, 뚜껑을 덮어 구울 때도 스팀을 발생시키는 편이 빵 표면에 더 윤기가 돕니다. 뚜껑으로 덮여 있는 반죽에 스팀을 넣어서 과연 효과가 있을지 의심스럽겠지만 한번 시도해보면 알게 될 거예요. 수증기는 틀의 틈새로 들어갑니다.

**포장**

빵이 한 김 식으면 바로 비닐봉지로 포장하세요. 실온에 방치하면 향과 수분이 조금씩 날아가버립니다.

# ITEM 03

# 단과자빵 SWEET BUNS

대표적인 단과자빵으로는 단팥빵이 있습니다. 일본에서 시작된 단팥빵은 아이들에게도 인기가 많습니다. 능숙해지면 호빵맨도 만들 수 있어요. 일반적으로 단과자빵은 종류를 막론하고 같은 반죽으로 만드므로, 반죽 하나만 마스터하면 크림빵이나 멜론빵도 구울 수 있습니다. 냉장고 안에 있는 반찬을 넣으면 맛있는 조리빵으로도 변신합니다. 도전해보세요!

단팥빵(통팥앙금)

단팥빵(고운앙금)

멜론빵

크림빵

단호박빵

밤빵

## 【 공정 】

| 반죽 | 손반죽(40회, IDY 첨가 후 10회, AL 20분 후 200회, 소금·버터 첨가 후 150회) |
|---|---|
| 반죽 온도 | 28~29도 |
| 발효 시간(27도, 75%) | 60분, 펀칭, 30분 |
| 분할·둥글리기 | 40g × 12개 |
| 벤치 타임 | 15분 |
| 성형 | 단팥빵, 크림빵, 멜론빵 등 |
| 2차 발효(32도, 80%) | 50~60분 |
| 굽기(210→200도) | 7~10분 |

IDY: 인스턴트 드라이 이스트    AL: 오토리즈

## Chef's comment

## 【 재료를 고르는 법 】

강력분을 사용합니다. 가볍게 씹히는 부드러운 빵, 혹은 촉촉한 빵을 만들기 위해 박력분이나 중력분을 섞는 경우도 있지만, 일단은 강력분만으로 만들어봅시다.

설탕이 많이 들어가 효모의 활성이 저하되기 때문에 양을 늘립니다. 프랑스의 빵 효모 회사인 르사프의 제품 중에는 고당용 인스턴트 드라이 이스트(골드)가 있으므로 그것을 사용해도 좋습니다. 일반적으로 쉽게 구할 수 있는 이스트는 무당반죽에 사용하는 이스트(레드)입니다.

소량 사용합니다. 설탕이 많이 들어가기 때문에 맛의 균형과 빵 효모에 대한 침투압 문제로 많이는 사용하지 않습니다.

단과자빵에는 설탕이 많이 들어가는 것이 특징입니다. 25%가 기본이지만 20~30% 사이에서라면 얼마를 써도 상관없습니다.

설탕이 많아서 버터 맛이 확실히 나지 않기 때문에 다른 유지, 예를 들어 마가린으로 대체해도 괜찮습니다.

빵의 볼륨과 색을 좋게 합니다. 필수적이지는 않지만 쓰는 경우가 많습니다.

우유도 필수는 아니지만 많이 사용합니다. 전문가는 우유보다도 전지분유, 탈지분유, 연유를 더 많이 사용합니다. 물론 그 경우에는 양을 따로 계산합니다.

수돗물이면 충분합니다.

40g 반죽 12개분

| 재료 | 밀가루 250g 기준(g) | 베이커스 퍼센트(%) |
|---|---|---|
| 밀가루(강력분) | 250 | 100 |
| 인스턴트 드라이 이스트 (레드) | 7.5 | 3 |
| 소금 | 2 | 0.8 |
| 설탕 | 62.5 | 25 |
| 버터 | 25 | 10 |
| 달걀 | 50 | 20 |
| 우유 | 50 | 20 |
| 물 | 62.5 | 25 |
| 합계 | 509.5 | 203.8 |

기타 재료

- 달걀물(달걀과 물을 2:1 비율로 섞고 소금을 살짝 뿌린 것): 적당량
- 양귀비 씨
- 팥앙금, 밤앙금, 단호박앙금, 커스터드 크림, 멜론 껍질(비스킷 반죽, 70쪽 참고): 적당량

## 【 반죽하기 】

### 1

비닐봉지에 밀가루와 설탕을 넣고 공기를 머금도록 한 뒤 잘 흔든다. 한쪽 손으로 입구를 막고 다른 손으로 비닐봉지 아래쪽을 눌러가며 흔들면 봉지가 입체적으로 변해 가루가 잘 섞인다.

### 2

잘 풀어놓은 달걀, 우유, 물을 비닐봉지에 넣는다.

### 3

다시 비닐봉지에 공기를 넣어 입체가 되도록 하고, 반죽이 봉지 안쪽 면에 강하게 부딪히도록 흔든다.

### 4

반죽이 어느 정도 뭉쳐지면 비닐봉지째 힘껏 주무른다.

### 5

비닐을 뒤집어서 반죽을 작업대 위에 꺼낸다. 비닐에 묻은 반죽은 스크레이퍼로 긁어낸다.

### 6

작업대 위에서 반죽을 밀어 '늘이고' 몸 쪽으로 '접는' 일련의 과정을 40번 정도 반복해 반죽한다. 인스턴트 드라이 이스트를 첨가한 뒤 다시 10번 정도 반죽한다.

### 7

건조주의 온도유지

**오토리즈 → 상세 87쪽 참고**

(오토리즈 20분 후의 반죽)

반죽하기를 멈추고 오토리즈에 들어간다. 반죽을 둥글려서 이음매를 아래로 해 버터를 얇게 펴 바른 볼에 담는다. 마르지 않도록 랩을 씌워 20분간 놓아둔다.

### 8

볼에서 꺼내어 인스턴트 드라이 이스트가 균일하게 퍼지도록 잘 섞는다. 200번 정도 반죽한다.

## Chef's comment

# 【 반죽에 대해서 】

## ● 반죽하기

이 빵도 마찬가지로 비닐봉지로 반죽하기 시작합니다. 밀가루는 물론 설탕이나 소금도 비닐봉지를 이용해 계량하면, 나중에도 각각 설탕과 소금 전용 봉지로 재사용할 수 있으며 설거지도 줄어듭니다. 그래서 저는 빵을 자주 만들 때 이 방법을 씁니다.

비닐봉지에 먼저 밀가루와 설탕을 넣어 균일하게 섞이도록 잘 흔들어 줍니다. 다음으로 잘 풀어놓은 달걀, 우유, 물, 공기를 같이 넣어 풍선처럼 부풀린 뒤 힘차게 흔듭니다. 양손을 써서 비닐봉지 안쪽 면에 빵 반죽을 두들긴다는 느낌으로 세차게 흔들어 빵 반죽을 한 덩어리로 만들어갑니다.

다음으로 비닐봉지째 빵 반죽을 계속 주물러서 반죽 속에 글루텐 구조가 더 견고하게 결합되도록 합니다. 어느 정도 반죽이 뭉쳐지면 비닐봉지를 뒤집어 반죽을 작업대에 꺼냅니다. 비닐봉지 안에 달라붙은 반죽도 스크레이퍼로 남김없이 긁어냅니다. 이것도 계량한 반죽의 분량에 들어가니까요. 그리고 반죽을 40번 정도 더 치대고, 인스턴트 드라이 이스트를 넣고서 10번 더 치댑니다. 이때는 발효를 시작하는 것이 아니라 건조한 상태의 인스턴트 드라이 이스트에 물을 복원시키는 것이 목적이므로 이스트가 균일하게 퍼지지 않아도 됩니다. 오히려 적당히 하고 멈추는 편이 좋아요.

20분간 오토리즈에 들어갑니다. 오토리즈란 자기소화, 자기분해라고도 하며, 사람이 아무것도 하지 않아도 반죽이 스스로 연결되는 현상을 말합니다. 글루텐은 이 시간 동안 반죽 속에 얇게 퍼집니다. 울퉁불퉁하게 덩어리진 반죽의 표면도 매끄러워집니다.

이후 반죽을 밀어 '늘이고' 몸 쪽으로 '접는' 동작을 200번 정도 반복합니다.

이어서 버터와 소금을 빵 반죽에 펴 바릅니다. 효율을 높이려면 반죽을 작게 나누어서 밀어 펴고 그 위에 소금과 버터를 바른 뒤 다른 반죽을 올려놓고 다시 펴는 작업을 반복합니다.

버터와 소금이 전부 섞이면, 빵 반죽을 작게 잘라 늘여서 겹치고 밀어 펴거나, 반죽을 테이블에 내리치는 등의 동작을 150번 정도 반복해서 반죽 속 글루텐을 결합시킵니다.

글루텐 체크를 해보아 반죽이 얇게 늘어난다면 완성입니다.

### 작업대 온도 조절

큰 비닐봉지에 따뜻한 물(여름에는 차가운 물)을 1리터 정도 넣어서 공기를 빼고 물이 쏟아지지 않도록 꽉 묶어줍니다. 이것을 작업대의 빈 공간에 놓고, 가끔 반죽하는 위치와 비닐봉지의 위치를 바꿉니다. 작업대를 데우거나 식히면서 반죽하는 것이 실내 온도를 조절하는 것보다 효과적입니다. 사진과 같은 석제 작업대가 특히 온도가 잘 유지됩니다. 사용해 보세요!

**【 반죽 온도 】**

⑨

반죽을 펴서 소금과 버터를 넣는다.

⑩

'늘이고 접기'를 150번 반복해 반죽을 연결시킨다. 반죽을 작게 잘라서 늘인 다음 포개는 방법을 사용하면 효율적이다(21쪽 참고).

⑪

반죽의 온도를 확인한다. 28~29도가 적당하다.

**【 반죽 발효(1차 발효) 】**                              건조주의 온도유지

⑫

반죽을 뭉쳐서 다시 7의 볼에 담는다. 마르지 않게 랩을 씌워서 27도가량인 곳에서 60분간 발효한다.

⑬

적당히 부풀었으면 손가락으로 발효 정도를 테스트해보고 볼에서 꺼내어 가볍게 편칭한다.

⑭                                                   건조주의 온도유지

다시 볼에 담고 랩을 씌워 12와 같은 환경에서 30분 더 발효한다.

**【 분할·둥글리기 】**

⑮

40g씩 12개로 나눈다.

⑯

가볍게 둥글린다.

**【 벤치 타임 】**                                        건조주의 온도유지

⑰

15분간 벤치 타임을 가진다. 이 사이에 빵에 넣을 속재료(각 40g)를 계량해 둥글게 뭉쳐둔다. 멜론빵은 위에 얹을 비스킷 반죽을 개수만큼 준비한다(70쪽 참고).

# 【 반죽 후 벤치 타임까지의 과정 】

## ● 반죽 온도

28~29도를 목표로 합니다. 앞의 빵들과 마찬가지로 계절마다 물 온도를 조절하거나, 작업대 위에 온수 혹은 냉수 비닐봉지를 올려두어 온도를 조절해가며 반죽 온도를 맞추어주세요.

이 배합은 설탕이 많이 들어가 빵 효모의 활성이 약간 저하되기에, 반죽 온도를 조금 높게 설정해 인스턴트 드라이 이스트(효모)가 활동하기 쉬운 환경을 만듭니다.

## ● 반죽 발효(1차 발효)와 펀칭

27도, 75%가 목표입니다. 반드시 이 온도와 습도에 맞추어야만 하는 것은 아니지만, 가능한 한 이 조건에 가깝게 합니다.

발효 시간이 길기 때문에 반죽 표면이 마르지 않게 하는 것이 중요합니다. 반죽 표면이 마르면 글루텐이 충분히 늘어나지 않고, 반죽 온도가 잘 오르지 않습니다.

## ● 분할 · 둥글리기

1개당 반죽량은 40~50g을 목표로 합니다. 처음에는 작업하기 간편하도록 50g으로 만들어도 괜찮습니다. 하지만 속재료의 양까지 고려한다면 40g이 적절할 수도 있습니다.

분할한 반죽을 둥글리는데, 아직 익숙하지 않다면 반죽을 계속해서 반으로 접는 방법으로 둥글려도 좋습니다. 윗면은 그대로 둔 채 옆으로 90도씩 돌려가며 4번 반복합니다. 이렇게 하면 매끄럽게 둥글릴 수 있습니다.

## ● 벤치 타임

15분이 목표입니다. 둥글리는 동안 단단해졌던 반죽이 부드러워지며 심이 사라지면 성형에 들어갑니다. 중간에 마르지 않도록 랩이나 뚜껑을 씌웁니다.

**손가락 구멍 테스트**
중지에 밀가루를 묻혀 반죽 가운데를 깊이 찔러봅니다. 손가락을 빼도 구멍이 그대로 남아 있다면 펀칭을 할 타이밍입니다.

**응용편**

**반죽을 보관했다가 나중에 굽는 방법**

❶ 반죽을 분할할 때 필요한 양을 빼놓고 남은 반죽을 비닐봉지에 넣어서 1~2cm 내로 일정한 두께로 민 다음 냉장고에 보관합니다. 이 과정을 냉장 숙성이라고 합니다.

❷ 다음 날 혹은 그다음 날 반죽을 냉장고에서 꺼내어 따뜻한 곳에 1시간 정도 놔둡니다.

❸ 반죽 온도가 17도 이상이 되었는지 확인하고 과정 15번부터 작업을 진행합니다.

❹ 3일 이상 보관하려면 냉동실에 보관하세요. 냉동실 안 반죽도 일주일 이내에 사용하는 것이 좋습니다. 빵을 굽기 전날 반죽을 냉동실에서 냉장실로 옮긴 다음 위 2번부터 진행합니다.

## 【 성형 】

**18**

속재료를 넣을 반죽은 밀대로 밀어 지름 8센티 정도의 원형으로 만든다. 멜론빵에 쓸 반죽은 가볍게 다시 둥글린다.
※얇게 민 후 여분의 덧가루는 솔로 털어내야 여미기 쉽다.

**19**

18에 팥앙금, 밤앙금, 단호박앙금을 각각 넣고 바닥을 여며 둥글린다.

**20**

밤빵은 밤 모양으로 성형한다. 물에 적신 키친타올에 반죽 바닥을 두드려 물이 묻게 한 후 양귀비 씨를 묻힌다.

**21**

단호박빵은 반원형으로 여민 후, 이음매를 바닥 쪽에 두고 직선이 되도록 위치를 잡아 배 모양으로 만든다. 윗면에 칼집을 두 군데 넣는다.

**COFFEE TIME**

### 일본문화를 반영하는 단과자빵

관습적으로 전통적인 팥앙금을 넣을 때는 원 모양으로, 그 외의 재료를 넣을 때는 배 모양으로 만드는 경우가 많습니다.

단팥빵이 처음 만들어질 당시, 메이지 천황에게 헌상하는 단팥빵은 가운데에 벚꽃잎을 올려놓았다고 합니다. 이후 한동안 서민의 단팥빵은 가운데에 배꼽은 만들어도 꽃잎은 올려놓지 않았답니다.

앙금빵

## Chef's comment

## 【 성형에 관해 】

### ● 성형

단과자빵은 다양한 모양으로 성형할 수 있지만 여기서는 기본적인 모양에 도전해보겠습니다. 속재료는 반죽과 같은 무게로 미리 둥글려 놓습니다. 15분 벤치 타임을 거친 반죽을 밀대로 밀어 두께가 5mm 정도 되게 합니다. 반죽 한가운데에 속재료를 놓고, 반죽을 대각선으로 꼬집어 여밉니다. 90도 회전시켜서 다시 대각선으로 꼬집습니다. 이 동작을 총 4번 반복하면 속재료가 반죽에 말끔히 싸일 것입니다.

숙련된 사람은 손바닥 위에서 물 흐르듯 순식간에 속재료를 넣고 매끄럽게 반죽을 완성하는데, 마치 마술이라도 보는 것 같답니다. 재료를 넣은 반죽은 이음매를 아래로 해 팬 위에 일정한 간격을 두고 올려놓습니다. 최종 발효로 2배, 오븐 안에서 다시 2배로 부풀 것을 감안해 간격을 넓게 잡아주세요.

### 단팥빵의 배꼽

제빵을 할 때는 반드시 '가공경화'와 '구조완화'를 교대로 일어나게 해야 합니다. 반죽에 힘을 주었다면 그 후에는 쉬게 해주어야 해요. 단팥빵을 성형한 뒤 바로 배꼽을 만들려고 가운데를 누르면 가공경화 뒤에 구조완화를 하지 않고 바로 가공경화를 또 한 셈이 되므로, 반죽이 반발해 누른 부분이 도리어 볼록 솟아오릅니다. 그러므로 성형 후 10~15분 기다린 뒤에 배꼽을 만들어주세요. 분할과 둥글리기 후에 벤치 타임을 두는 것도 같은 원리입니다.

### 22

반죽을 저울 위에 놓고 무게를 재면서 크림 40g을 짜넣는다. 반원형으로 여민 뒤 중앙 아래부터 눌러 올리면 크림이 안쪽에 고르게 퍼진다. 접착면 위에 칼집을 세 군데 넣는다.

### 23

멜론빵은 위에 올릴 멜론 껍질(비스킷 반죽)을 물에 적신 키친타올에 대서 물을 묻게 한 후 그래뉴당을 뿌리고, 뿌린 면이 위로 오도록 18에서 둥글린 반죽 위에 얹는다.

**단과자빵 SWEET BUNS**

## 【 최종 발효·굽기 전 작업 】

### 24

버터를 얇게 펴 바른 팬 위에서 50~60분간 최종 발효를 한다. 발효가 되는 동안 오븐을 예열한다. 오븐 바닥에 스팀용 팬을 넣어 210도로 설정한다.

### 25

발효 후 멜론빵 외의 반죽 윗부분에 달걀물을 골고루 바른다.

### 26

반죽을 넣기 직전에 바닥에 넣어둔 스팀용 팬에 물을 200ml 붓는다(수증기가 급격히 발생하므로 화상에 주의한다). 가정용 오븐은 빵 굽기에 알맞은 습도를 유지하기 어려운데 물을 넣으면 이 결점을 보완할 수 있다.

## 【 굽기 】

### 27

물을 부은 후 바로 반죽을 올린 팬을 넣는다. 오븐 팬이 상하단 두 곳에 들어갈 경우 하단에 넣는다. 팬은 한 번에 1개씩만 넣는다. 오븐을 닫고 설정 온도를 200도로 낮춘다.

### 28

7~10분가량 굽는다. 골고루 구워지지 않는다면 색이 돌기 시작할 즈음 오븐을 열어 팬의 앞뒤 방향을 바꾼다.

### 29

빵 전체에 먹음직스러운 색이 입혀졌다면 완성. 팬을 오븐에서 꺼내어 작업대 위 10~20cm 높이에서 떨어뜨려 충격을 준다.

### 두 번째 팬을 넣을 때

통팥 단팥빵은 최종 발효 중 10분이 지난 뒤 반죽의 가운데를 손가락으로 바닥까지 눌러 배꼽을 만든다. 최종 발효 후에는 달걀물을 바른다. 고운 앙금 단팥빵은 달걀물을 바른 후 가운데에 양귀비 씨를 묻힌다(밀대 옆부분에 달걀물을 바르고 양귀비 씨를 묻혀 스탬프처럼 찍으면 된다). 이 작업과 동시에 오븐 온도를 다시 210도로 설정한다. 26에서 29까지 반복한다.

## 【 최종 발효에서 굽기까지 】

### ● 최종 발효

32도, 80%를 목표로 따뜻한 환경에서 발효합니다. 이때도 표면이 마르지 않게 주의하세요. 표면이 마르면 반죽이 오븐에서 제대로 부풀지 않습니다. 또한 구울 때 색이 잘 입혀지지 않아 덜 먹음직스러워 보입니다.

### ● 굽기 전 작업

빵 반죽에 약간 탄력이 남아 있을 때 발효를 마치고 표면을 약간 건조시킵니다. 이러면 달걀물이 더 잘 발립니다.

달걀물은 테이블 롤 때와 마찬가지로 달걀 : 물 : 소금을 100 : 50 : 소량의 비율로 섞어 미리 준비해둡니다. 반죽 표면에 달걀물을 바른 후에는 다시 약간 건조시켜서 오븐에 넣습니다. 반죽 위에 달걀물을 바르거나, 구울 때 스팀이 나게 하면 크러스트(빵껍질)가 얇고 윤기 나는 빵이 완성됩니다.

### ● 굽기

200도에서 7~10분 굽습니다. 골고루 구워지지 않을 때는 중간에 팬의 방향을 바꾸어서 색이 균일하게 입혀지도록 조절합니다. 위 범위 내에서 굽는 시간이 짧은 편이 껍질이 얇고 윤기가 흐르게 됩니다.

갈색으로 변했다면 팬을 재빨리 오븐에서 꺼내어 작업대 위에서 떨어뜨려 충격을 줍니다. 테이블 롤과 식빵은 순수한 반죽이므로 충격을 줄 때 세기의 제한이 없지만, 재료가 들어간 빵은 너무 크게 충격을 주면 속재료의 무게 때문에 아랫부분이 찌그러지고 맙니다. 이 점을 주의해 적당한 힘으로 충격을 주세요.

**팬이 부족할 때**

반죽을 올릴 팬이 부족할 때는 베이킹 시트를 사용하세요. 팬을 비우고서 시트째 조심스럽게 팬으로 옮기면 문제없이 구울 수 있습니다. 팬에 버터를 바르지 않아도 됩니다.

# 프랑스빵 FRENCH BREAD

많은 분들이 가장 만들어보고 싶어 하지만, 사실 가장 만들기 까다로운 빵입니다. 그래서 입문편 네 번째에 배치했습니다. 한 번에 성공시키려고 조바심내지 마시고 계속해서 도전해보세요.

| 샴피뇽 | 팡뒤 | 피셀 | 따바띠에르 |

## 【 공정 】

| 반죽 | 손반죽(40회, IDY 첨가 후 10회, AL 20분 후 100회, 소금 첨가 후 100회) |
|---|---|
| 반죽 온도 | 24~25도 |
| 발효 시간(27도, 75%) | 90분, 펀칭, 60분 |
| 분할·둥글리기 | 210g × 1개, 60g × 3개, 10g × 1개 |
| 벤치 타임 | 30분 |
| 성형 | 피셀, 샴피뇽, 따바띠에르, 팡뒤 |
| 2차 발효(32도, 75%) | 60~70분 |
| 굽기(220→210도) | 20분(피셀), 17분(나머지) |

IDY: 인스턴트 드라이 이스트　　AL: 오토리즈

# 배합(재료)

## Chef's comment

## 【 재료를 고르는 법 】

일반적으로 프랑스빵을 만들 때는 준강력분을 사용합니다. 단백질이 많은 강력분으로 만들면 빵이 너무 질겨집니다. 준강력분을 구할 수 없다면 강력분에 중력분을 20~30% 정도 섞어서 밀가루의 단백질량을 줄입니다.

일반적인 인스턴트 드라이 이스트(레드)를 사용합니다.

설탕이 들어가지 않는 반죽에는 몰트를 사용하는 경우가 많습니다. 설탕 대신 효모의 영양원 역할을 한다고 생각하면 됩니다. 보리를 발아시킬 때 나오는 아밀라아제라는 효소와 맥아당이 들어 있습니다. 파는 곳을 찾기 힘들면 단골 빵집에 부탁하거나 설탕 1%로 대체하세요.

이 빵에 들어가는 부재료는 소금뿐입니다. 만약 빵을 만들 때 특별한 소금을 사용하고 싶다면 이 빵에서 사용해보길 권합니다. 하지만 소금 맛을 빵 맛에 반영하기란 상당히 어렵답니다.

특별할 건 없습니다. 수돗물로 충분합니다.

피셀, 따바띠에르, 샴피뇽, 팡뒤 각 1개분

| 재료 | 밀가루 250g 기준(g) | 베이커스 퍼센트(%) |
|---|---|---|
| 밀가루(준강력분) | 250 | 100 |
| 인스턴트 드라이 이스트 (레드) | 1 | 0.4 |
| 몰트(유로 몰트, 2배 희석) | 1.5 | 0.6 |
| 소금 | 5 | 2 |
| 물 | 162.5 | 65 |
| 합계 | 422 | 168.8 |

**몰트**
보리를 발아시키면 만들어지는 아밀라아제(효소)와 맥아당을 추출한 것입니다. 점도가 높으므로 희석시켜 사용합니다. 그릇에 묻은 몰트도 물로 헹구어 전부 사용하세요.

## 【 반죽하기 】

### 1

비닐봉지에 밀가루와 공기를 넣고 잘 흔든다. 한쪽 손으로 입구를 막고 다른 손으로 비닐봉지 아래쪽을 눌러가며 흔들면 봉지가 입체적으로 변해 가루가 잘 섞인다.

### 2

몰트와 물을 넣는다. 그릇에 묻은 몰트도 분량 내의 물로 깨끗이 헹구어 넣는다.

### 3

공기를 포함시켜 반죽이 봉지 안쪽 면에 강하게 부딪히도록 흔든다.

### 4

반죽이 어느 정도 뭉쳐지면 비닐봉지째 힘껏 주무른다.

### 5

비닐을 뒤집어서 반죽을 작업대 위에 꺼낸다. 비닐에 묻은 반죽은 스크레이퍼로 긁어낸다.

### 6

작업대 위에서 반죽을 밀었다가 몸 쪽으로 가지고 오는 '늘이고 접기'를 40번 정도 반복해 반죽한다. 인스턴트 드라이 이스트를 첨가한 뒤 다시 10번 정도 반죽한다.

### 7

건조주의 온도유지

반죽을 둥글려서 이음매를 아래로 해 볼에 담는다. 마르지 않도록 랩을 씌워 20분간 오토리즈한다.

**오토리즈 → 상세 87쪽 참고**

오토리즈를 하면 반죽이 매끄러워진다.

### 8

100번 정도 반죽한다.

# 【 반죽에 대해서 】

## ● 반죽하기

이 빵은 특히 비닐봉지를 이용해 반죽하기 알맞은 빵입니다.

비닐봉지에 밀가루와 공기만 넣고 다른 빵보다 좀 더 꼼꼼하게 흔듭니다. 밀가루 입자 하나하나의 표면을 공기로 코팅한다는 느낌으로 흔들어주세요. 밀가루를 산화시킨다고도 할 수 있습니다. 여기에 온도를 조절한 물과 몰트를 넣고, 다시 공기를 포함시켜 봉지를 풍선 모양으로 부풀려서 세게 흔듭니다. 반죽을 봉지 안쪽 면에 강하게 두들긴다는 느낌으로 이 동작을 반복합니다.

어느 정도 뭉쳐지면 비닐봉지째 반죽을 주물러 글루텐의 결합을 강화시킵니다. 그리고 반죽을 봉지에서 꺼내어 40번 정도 치대고, 인스턴트 드라이 이스트를 첨가한 뒤 다시 10번 정도 치댑니다. 이후 20분 동안 오토리즈에 들어갑니다.

오토리즈 후 '늘이고 접기'를 100번 정도, 소금을 넣고서 또다시 100번 정도 반복합니다. 이렇게 작업대 위에서 반죽을 치대는 사이 글루텐이 점점 연결됩니다.

글루텐 연결이 약하면 반죽도 약하고 끈적거리게 됩니다. 이런 반죽으로 빵을 구우면 볼륨이 작고 쿠프가 덜 벌어져서 겉보기에는 빈약하지만, 노르스름한 속살에 향이 강하고 덜 질긴, 아주 맛있는 빵이 된답니다.

좀 더 겉보기에 멋진 빵을 만들고 싶다면 오래 강하게 반죽하면 되지만, 그럴수록 평범한 맛, 즉 일반적으로 빵집에서 파는 표준적인 빵 맛에 가까워집니다. '약하게 반죽한 빵'이 지니는 개성은 포기할 수밖에 없지요. 맛을 중시할지, 빵의 모양을 중시할지는 자유입니다만, 이번에는 처음 구워보는 만큼 보기 좋은 빵에 도전해봅시다. 식빵만큼은 아니더라도 어느 정도 글루텐이 연결되게 해서요.

어차피 인간의 손으로는 아무리 열심히 치댄다고 해도 오버되게 반죽할 수는 없습니다. 제 기준으로 100번이니 독자 여러분은 20~30번 늘리는 편이 더 좋을지도 모릅니다.

글루텐 체크를 해보아 반죽의 막이 형성되기 시작할 때까지 치댑니다. 반죽하기가 끝나면 반죽 온도를 확인하고 오토리즈 때 썼던 볼에 다시 담아 발효를 진행합니다.

**작업대 온도 조절**

큰 비닐봉지에 따뜻한 물(여름에는 차가운 물)을 1리터 정도 넣어서 공기를 빼고 물이 쏟아지지 않도록 꽉 묶어줍니다. 이것을 작업대의 빈 공간에 놓고, 가끔 반죽하는 위치와 비닐봉지의 위치를 바꿉니다. 작업대를 데우거나 식히면서 반죽하는 것이 실내 온도를 조절하는 것보다 효과적입니다.

## 【 반죽 온도 】

⑨

반죽을 펴서 소금을 뿌린다.

⑩

'늘이고 접기'를 100번 반복해 반죽을 연결시킨다.

⑪

반죽의 온도를 확인한다. 24~25도가 적당하다.

## 【 반죽 발효(1차 발효) 】

건조주의  온도유지

⑫

반죽을 뭉쳐서 다시 7의 볼에 담는다. 마르지 않게 랩을 씌워서 27도가량인 곳에 90분간 놓아둔다.

⑬

적당히 부풀었으면 손가락으로 발효 정도를 테스트해보고 볼에서 꺼내 가볍게 펀칭한다.

⑭

다시 뭉쳐서 볼에 담고 랩을 씌워 12와 같은 환경에서 60분 더 발효한다.

## 【 분할 · 둥글리기 · 벤치 타임 】

건조주의  온도유지

⑮

반죽을 210g짜리 1개, 60g짜리 3개, 10g짜리 1개로 나눈다.

⑯

각 반죽을 가볍게 둥글린다.

⑰

30분간 벤치 타임을 가진다. 반죽이 마르지 않도록 한다.

## 【 반죽 후 벤치 타임까지의 과정 】

### ● 반죽 온도

24~25도를 목표로 합니다.

짧게 반죽하기 때문에 다른 반죽보다 환경의 영향을 받는 시간이 짧습니다. 반죽하는 도중에 반죽 온도가 덜 변하므로 그 점을 고려해서 수온을 결정하세요. 바꾸어 말하자면, 추운 곳에서는 수온을 약간만 올려야 합니다. 반대라면 낮추어야 하고요.

또한, 작업대에 따뜻한 물이나 차가운 물을 넣은 봉지를 올려두면 실내 온도를 조절하는 것보다 효과적으로 반죽 온도를 조절할 수 있습니다.

### ● 반죽 발효(1차 발효)와 펀칭

27도, 습도 75%를 목표로 발효시킬 장소를 정합니다. 90분 동안 발효시킨 뒤 펀칭(반죽을 볼에서 꺼내어 다시 둥글리기)하고 다시 볼에 담아 60분 더 발효시킵니다.

발효할 때는 평평한 곳에 두지 말고, 바닥이 둥그렇게 파인 볼에 담아두세요. 반죽 속 글루텐은 형상기억합금과 비슷한 성질을 가지고 있어서 발효될 때의 모양이 오븐 안에서 재현된답니다. 그러므로 만들려는 빵 모양과 비슷한 용기에서 발효하는 것이 좋습니다.

### ● 분할 · 둥글리기

오븐의 크기와 팬의 크기를 고려하면 1개당 150~250g을 넘지 않게 나누는 것이 좋습니다. 최종 발효와 오븐을 거치면서 성형된 반죽보다 3~4배 커진다는 것을 염두에 두고 크기를 결정합니다.

둥글리기는 가볍게 해도 괜찮습니다. 형상기억합금을 떠올리세요. 성형 단계에서 만들 모양을 상상하면서 길게 성형할 반죽은 약간 기다랗게, 둥근 모양으로 성형할 반죽은 동그랗게 뭉칩니다.

### ● 벤치 타임

다른 빵들(10~20분)보다 시간이 걸립니다. 발효를 했던 환경과 같은 환경에 약 30분간 놓아두세요. 이때도 반죽이 마르거나 온도가 내려가지 않도록 주의합니다.

**손가락 구멍 테스트**

중지에 밀가루를 묻혀 반죽 가운데를 깊이 찔러봅니다. 손가락을 빼도 구멍이 그대로 남아 있다면 펀칭을 할 타이밍입니다.

## 프랑스빵 FRENCH BREAD

## 【 성형 】

### 18

**따바띠에르**

따바띠에르(담뱃갑) 모양을 만든다. 60g짜리 반죽의 ⅓ 정도를 밀대로 얇게 민다. 밀어 놓은 부분에 올리브오일을 바르고, 그 위에 뭉쳐 있는 나머지 부분을 올려놓고 발효에 들어간다.

### 19

**샴피뇽**

샴피뇽(버섯) 모양을 만든다. 10g짜리 반죽을 밀대로 평평하게 펴서 올리브오일을 바른다. 60g짜리 반죽을 가볍게 다시 둥글리고, 오일을 바른 면이 아래로 오도록 10g 반죽을 얹은 후 가운데를 중지로 꾹 누른다.

### 20

**팡뒤**

팡뒤(쌍둥이) 모양을 만든다. 60g짜리 반죽을 가볍게 다시 둥글리고, 가운데에 띠 모양으로 올리브오일을 바른다(나중에 깔끔하게 잘라지게 하기 위해 서다). 그 부분을 둥근 젓가락 등으로 눌러 넓고 평평하게 만든다. 둥근 부분 한쪽을 평평한 부분에 감아 넣듯이 접는다.

### 21

**피셀**

 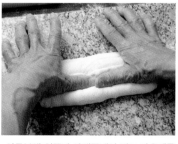 

피셀(끈) 모양을 만든다. 210g짜리 반죽을 가볍게 두드린다. | 삼등분해 위쪽과 아래쪽에서 접고 가운데를 누른다. | 좌우로 튀어나온 부분을 안쪽으로 접는다.

**Chef's comment**

## 【 성형에 관해 】

### ● 성형

전문 베이커도 어려워하는 것이 프랑스빵의 성형입니다. 여기서 소개한 피셀(바게트보다 가느다란 빵)의 성형법은 전문가가 쓰는 방법이므로, 익숙해지기 전까지는 반죽을 밀대로 얇게 민 후 김밥을 말듯이 돌려 말아 만들어도 좋습니다.

마른 천(캔버스천이 좋습니다) 위에 덧가루를 적당히 뿌리고 반죽의 말아놓은 끝부분이 아래로 가게 해서 놓습니다. 캔버스천 양쪽에서 주름을 잡아 반죽이 옆으로 퍼지지 않도록 지탱합니다. 이때 주름의 폭이 중요합니다. 너무 좁으면 최종 발효 중 반죽이 주름 위로 부풀어 넘치면서 모양이 망가질 수 있고, 너무 넓으면 반죽이 퍼져서 빵이 납작해집니다. 성형한 반죽 양쪽에 검지손가락 하나만큼의 공간을 두고 주름을 잡는 것이 이상적입니다. 주름의 높이에도 주의하세요. 너무 낮으면 최종 발효 도중 반죽끼리 붙어버릴 수 있습니다.

피셀 외에도 프랑스에서 전통적인 식사용 빵으로 먹는 따바띠에르(담뱃갑), 샴피뇽(버섯), 팡뒤(쌍둥이) 모양의 성형법도 옆 쪽에 소개했습니다.

**Bread making tips**

응용편 ▶

### 반죽을 보관했다가 나중에 굽는 방법

❶ 반죽을 분할할 때 필요한 양을 빼놓고 남은 반죽을 비닐봉지에 넣어서 1~2cm 내로 일정한 두께로 민 다음 냉장고에 보관합니다. 이 과정을 냉장 숙성이라고 합니다.

❷ 다음 날 혹은 그다음 날 반죽을 냉장고에서 꺼내어(반죽 온도 약 5도) 따뜻한 곳에 1시간 정도 놓아둡니다.

❸ 반죽 온도가 17도 이상이 되었는지 확인하고 과정 15번부터 작업을 진행합니다.

※ 프랑스빵 이외의 반죽은 냉동 보관도 가능하지만, 설탕과 버터가 들어가지 않은 프랑스빵 반죽은 냉동 보관에 알맞지 않습니다. 2~3일간 냉장 숙성이 한계입니다.

위쪽에서 반으로 접는다.

이음매를 손바닥 아래쪽으로 눌러 붙인다.

## 【 최종 발효·굽기 전 작업 】

### 22

55쪽 '성형에 관해'에서 설명한 방법으로 천 위에 반죽을 올려놓고 60~70분간 최종 발효한다. 작은 빵(18, 19, 20)은 윗면을 아래로 둔다. 발효가 되는 동안 오븐을 예열한다. 오븐 바닥에 스팀용 팬을 넣고, 오븐용 팬을 뒤집어서 상하단 중 하단에 넣어둔다. 온도는 220도로 설정한다.

### 23

딱딱한 나무판이나 두꺼운 골판지 등으로 반죽을 들어올려 오븐 삽입용 판(혹은 골판지, 24사진 참고) 위로 옮긴다. 이때 반죽마다 아래에 베이킹 시트를 깐다.

### 24

피셀 반죽에는 쿠프(칼집)를 넣는다.

## 【 굽기 】

### 25

24의 판을 오븐 안으로 넣어 거꾸로 끼워둔 팬 위에 반죽과 베이킹 시트를 올리고 뺀다.

### 26

반죽을 넣은 직후 바닥의 스팀용 팬에 물을 50ml 붓는다(수증기가 급격히 발생하므로 화상에 주의한다). 이 반죽은 스팀이 너무 많으면 쿠프가 잘 벌어지지 않는다. 오븐을 닫고 설정 온도를 210도로 낮춘다.

### 27

피셀은 20분, 다른 작은 빵들은 17분 정도 굽는다. 골고루 구워지지 않는다면 한 번 오븐을 열어 팬의 앞뒤를 바꾼다.

### 28

표면에 윤기가 부족하다면 중간에 오븐을 열어 빵에 직접 물을 분무한다.

### 29

빵 전체에 먹음직스럽게 색이 입혀졌다면 완성. 1개씩 가볍게 작업대 위에 떨어뜨려 충격 효과를 준다.

## 【 최종 발효에서 굽기까지 】

### ● 최종 발효

32도, 75%의 환경에서 최종 발효를 합니다. 시간은 60~70분 정도입니다. 발효를 오래 하면 볼륨이 크고 가벼운 빵이 구워지지만, 처음에는 적당한 발효 시간을 판단하기 어려우므로 반죽을 만져보아 저항이 느껴지지 않으면(손가락을 밀어내는 느낌이 없으면) 오븐에 넣을 때라고 생각하시면 됩니다. 익숙해지면 점차 발효 시간을 늘려갑니다.

### ● 굽기

210도에서 20분을 목표로 삼습니다. 먼저 팬을 뒤집어서 오븐에 미리 넣어둡니다. 동시에 스팀용 팬도 오븐 바닥에 넣습니다.

오븐 팬과 같은 크기의 판에 베이킹 시트를 깔고, 그 위에 발효가 끝난 반죽을 이음매 부분을 아래로 해서 올립니다. 작은 빵들은 발효 시 바닥에 닿던 면이 위로 오도록 뒤집습니다. 표면을 살짝 말리고, 피셀의 표면에 쿠프 나이프(양날 면도칼을 나무젓가락에 끼워 사용해도 좋습니다)로 칼집을 넣습니다. 쉽지 않겠지만, 반죽 표면에 45도 각도, 5mm 정도의 깊이로 찔러넣어 세로로 쭉 그으면 됩니다.

준비가 되면 미리 넣어둔 뒤집어진 팬 위에 반죽을 올린 판을 넣고 빵과 베이킹 시트는 놔둔 채 판을 재빨리 빼냅니다. 팬 위에 제대로 반죽이 올려졌다면 바닥의 스팀용 팬에 물 50ml를 붓고, 오븐을 닫습니다. 급격히 발생하는 스팀이 오븐 내에 머무르도록 주의합니다.

이 과정을 재빨리 진행하더라도 오븐 내 온도는 급격히 내려가므로 처음에는 오븐 온도를 10도 높은 220도로 설정해둡니다. 모든 동작이 끝나고 오븐을 닫은 뒤 210도로 내려서 빵을 굽습니다. 골고루 구워지지 않을 때는 빵의 전후좌우 위치를 바꾸어서 색이 균일하게 입혀지도록 합니다.

굽기가 끝나면 오븐에서 빵을 꺼냅니다. 혹시 마음의 여유가 있다면 빵의 무게를 재보세요. 굽기손실이 22% 정도라면 완벽하게 구워진 것입니다.

완성된 빵에 차고 딱딱한 버터를 얹어서 한입 베어물어봅시다. 맛있을 거예요!

### 반죽을 이동시킬 판

반죽을 오븐 삽입용 판(골판지) 위로 옮길 때, 반죽을 들어올릴 나무판이나 두꺼운 종이에 스타킹이나 타이즈와 같은 신축성이 있는 화학섬유를 씌워놓으면 반죽이 잘 달라붙지 않습니다.

### 피자 스톤에 대해서

빵집에서 프랑스빵을 구울 때는 보통 돌판이 내장된 오븐을 사용합니다. 피자 스톤(석제 혹은 슬레이트제)을 사용하고 싶은 분도 계시겠지만, 가정용 전기 오븐이나 가스 오븐의 화력으로는 스톤에 열을 충분히 축적시킬 수 없습니다. 때문에 피자 스톤을 사용하면 오히려 바닥 부분의 온도가 떨어져 바닥이 희멀건하게 구워집니다. 아쉽지만 피자 스톤보다는 거꾸로 넣은 팬 위에서 굽는 것이 낫습니다. 단, 300도 이상 올릴 수 있는 오븐이라면 60분 이상 예열해 피자 스톤을 쓸 수도 있습니다.

### 굽기손실(소감률)

오븐 내에서 반죽의 수분이 얼마나 증발했는가를 나타내는 수치입니다. 만약 분할된 반죽이 210g이고 구워진 빵이 164g이었다면 22%로 이상적인 굽기손실입니다(상세는 97쪽 참고).

# 크루아상 CROISSANT

이 빵은 앞선 네 종류의 빵과는 달리 버터 롤인(반죽과 반죽 사이에 버터를 넣는 것)이라는 공정이 있습니다. 크루아상의 매력인 켜켜이 쌓인 층은 이 과정에서 만들어집니다. 포인트만 잘 잡으면 의외로 간단하게 만들 수 있는데, 바로 '버터의 굳기와 반죽의 굳기를 맞추는 것'입니다. 이 부분에 집중해서 도전해보세요.

크루아상

팽 오 쇼콜라

## 【 공정 】

| | | |
|---|---|---|
| 반죽 | 손반죽(40회, IDY 첨가 후 50회, 소금 첨가 후 50회) | |
| 반죽 온도 | 22~24도 |  |
| 방치 시간 | 30분 | |
| 분할 | 없음 | |
| 냉동 | 30~60분 | |
| 냉장 | 1시간~하룻밤 | |
| 접기 | 4절접기 2번 | |
| 성형 | 이등변삼각형(10×20cm, 45g), 정사각형(9×9cm, 45g) | |
| 2차 발효(27도, 75%) | 50~60분 | |
| 굽기(220→210도) | 8~11분 | |

IDY: 인스턴트 드라이 이스트

# 배합(재료)

## Chef's comment

### 【 재료를 고르는 법 】

프랑스빵용 밀가루(준강력분)을 사용합니다. 강력분을 쓰면 바삭하지 않고 식감이 질길 수 있습니다. 준강력분이 없다면 강력분에 중력분이나 박력분을 20% 정도 섞어 쓰세요.

저당용, 즉 일반적인 인스턴트 드라이 이스트(레드)를 씁니다. 크루아상 반죽은 온도가 낮아야 하기 때문에 찬물로 작업합니다. 그러므로 인스턴트 드라이 이스트를 밀가루와 섞고 나서 물을 넣으면 온도가 급격히 내려가 효모의 반응이 저하됩니다. 밀가루, 설탕에 온도를 조절한 물을 넣어서 반죽을 만든 후 반죽 온도가 15도인지 확인하고 첨가하세요.

평소 요리에 쓰는 소금을 사용합니다.

평소 요리에 쓰는 설탕을 사용합니다.

맛있는 크루아상을 만들고 싶다면 꼭 버터를 사용하세요. 반죽을 짧게 하므로 미리 실온에 내놓아 무르게 해 반죽하는 초반부터 사용합니다.

냉장고에 있는 우유면 됩니다.

이 빵은 다른 빵과 달리 반죽 온도 25도 이하, 가능하다면 22도 정도로 만들어야 하므로 찬물을 사용합니다. 하룻밤 전에 수돗물을 페트병에 담아 냉장고에 넣어두세요. 여름에는 이 페트병 냉수가 다른 빵 반죽을 만드는 데도 활약할 것입니다.

45g 반죽 12개분

| 재료 | 밀가루 250g 기준(g) | 베이커스 퍼센트(%) |
|---|---|---|
| 밀가루(프랑스빵용) | 250 | 100 |
| 인스턴트 드라이 이스트 (레드) | 7.5 | 3 |
| 소금 | 5 | 2 |
| 설탕 | 15 | 6 |
| 버터(실온 상태) | 12.5 | 5 |
| 우유 | 75 | 30 |
| 물 | 75 | 30 |
| 롤인용 버터 | 125 | 50 |
| 합계 | 565 | 226 |

기타 재료

- 달걀물(달걀과 물을 2:1 비율로 섞고 소금을 살짝 뿌린 것): 적당량
- 필링용 초콜릿: 적당량

## 【 반죽하기 】

1

비닐봉지에 밀가루와 설탕을 넣고 공기를 머금도록 한 뒤 잘 흔든다. 한쪽 손으로 입구를 막고 다른 손으로 비닐봉지 아래쪽을 눌러가며 흔들면 봉지가 입체적으로 변해 가루가 잘 섞인다.

2

미리 실온에 내놓은 버터와 우유, 물을 비닐봉지에 넣는다.

3

다시 비닐봉지에 공기를 넣어 입체가 되도록 하고, 반죽이 봉지 안쪽 면에 강하게 부딪히도록 흔든다. 반죽이 조금씩 덩어리지기 시작한다.

4

반죽이 어느 정도 뭉쳐지면 비닐봉지째 힘껏 주물러 반죽을 연결시킨다.

5

비닐을 뒤집어서 반죽을 작업대 위에 꺼내고 40번 정도 치댄다.

6

반죽을 다시 펼쳐서 인스턴트 드라이 이스트를 첨가한다.

7

50번 정도 치댄다.

※ 크루아상은 글루텐을 강하게 결합시킬 필요가 없으므로 오토리즈는 하지 않습니다.

8

반죽을 다시 펼쳐서 소금을 첨가한다.

**Chef's comment**

## 【 반죽에 대해서 】

### ● 반죽하기

크루아상은 초기 반죽하는 단계에서 프랑스빵보다도 글루텐의 결합을 약하게 합니다. 즉, 글루텐이 확실히 형성되도록 할 필요는 없습니다. 나중에 반죽에 버터를 층층이 접어 넣을 텐데, 이 작업도 반죽하기에 해당합니다.

그렇기 때문에 처음부터 꼼꼼하게 반죽해서 반죽을 너무 연결시켜 놓으면 버터를 넣어 접을 때 반죽을 늘이기 힘들어지고, 결과적으로 지나치게 반죽을 한 것이 됩니다. 참고로 이 반죽은 오토리즈도 생략합니다.

크루아상 반죽도 비닐봉지로 만드는 데 적합합니다. 먼저 가루류를 봉지에 넣어서 탈탈 흔들어 균일하게 혼합합니다. 그다음 실온에 두어 부드럽게 한 버터와 차가운 우유, 물, 공기를 함께 넣어 입구를 막고 세차게 흔듭니다. 비닐봉지 안쪽에 반죽을 두들긴다는 느낌으로 흔들어주세요.

봉지 안에서 반죽이 부분 부분 덩어리지기 시작하면 봉지를 작업대에 놓고 주무릅니다. 어느 정도 뭉쳐졌다면 반죽을 봉지에서 꺼내어 40번 정도 치대고, 인스턴트 드라이 이스트를 첨가해 50번 정도 더 치댑니다. 인스턴트 드라이 이스트가 반죽에 잘 섞였다면 소금을 넣고 또 반죽합니다.

계속해서 말씀드리지만 글루텐을 강하게 만들 필요는 없습니다. 추가한 모든 재료가 골고루 섞이고, 끈적거림이 어느 정도 사라질 때까지 반죽하면 충분합니다. 약간 단단한 반죽으로 시작한다고 생각해주세요.

크루아상 반죽은 다른 빵보다 낮은 온도로 완성해야 하니, 기온이 높을 때는 찬물을 넣은 비닐봉지로 작업대를 식히면서 작업하세요. 실온을 조절하는 것보다 효과적입니다.

**Bread making tips**

**작업대 온도 조절**

큰 비닐봉지에 따뜻한 물(여름에는 차가운 물)을 1리터 정도 넣어서 공기를 빼고 물이 쏟아지지 않도록 꽉 묶어줍니다. 이것을 작업대의 빈 공간에 놓고, 가끔 반죽하는 위치와 비닐봉지의 위치를 바꿉니다. 작업대를 데우거나 식히면서 반죽하는 것이 실내 온도를 조절하는 것보다 효과적입니다. 사진과 같은 석제 작업대가 특히 온도가 잘 유지됩니다.

## 크루아상 CROISSANT

**【 반죽 온도 】**

⑨

'늘이고 접기'를 50번 정도 반복한다.

※ 반죽은 이 정도만 연결되면 충분하다.

⑩

완성된 반죽의 온도를 확인한다. 22~24도가 적당하다.

**【 방치 시간 】**

⑪  건조주의 온도유지

볼에 버터를 고르게 바르고, 뭉친 반죽의 이음매를 아래로 해서 넣는다. 27도 정도의 환경에서 30분간 발효한다. (발효라기보다는 반죽을 쉬게 하는 것이다) 이 사이에 롤인용 버터를 준비한다(63쪽 참고).

⑫

30분 후, 비닐봉지에 넣는다.

⑬

밀대로 두께가 1cm가량 되도록 민다.

⑭  건조주의

냉동실에 넣어
30~60분간
충분히 냉각시킨다.

→ 충분히 차가워졌는지 확인

⑮  건조주의

냉장실로 옮긴다.
60분에서 하룻밤 정도
냉장 숙성한다.

## 【 반죽 후 냉장 숙성까지의 과정 】

### ● 반죽 온도

반죽 온도는 25도 이하, 22도를 목표로 합니다. 다른 빵 반죽보다 온도가 낮아야 하므로 처음 재료 온도부터 신경을 씁시다. 여름에는 실온도, 수돗물의 수온도 낮지 않으므로 재료와 환경의 온도를 의식하며 반죽 온도를 맞추어가도록 합니다.

### ● 방치 시간

여기서는 발효라기보다 반죽을 방치하는 시간이라고 생각하세요. 반죽이 느슨해지고 매끈해지면 충분합니다. 마르지 않게 해 덥지 않은 실온에 방치해 약 30분간 발효합니다(그 사이에 오른쪽 사진과 같이 반죽에 넣을 버터를 준비합니다). 그 후에는 비닐봉지에 넣어서 냉각합니다. 냉장고 내에서 발효과 숙성이 천천히 진행됩니다.

### ● 분할

이 정도의 양은 분할할 필요가 없습니다. 빵집에서는 한 번에 대량으로 제작하므로 반죽을 냉각시키기 전에 분할을 합니다.

### ● 냉동

비닐봉지에 반죽을 넣고 밀대로 1cm 두께로 밀어주세요. 두께가 얇으면 반죽이 금방 냉각되며 실온에 내놓았을 때도 금방 온도가 올라갑니다.

　냉동실에서 30~60분 냉각합니다. 반죽 주위가 살짝 얼 정도면 됩니다. 완전히 얼었다면 비닐봉지를 자기 전에 냉동실에서 냉장실로 옮겨주세요.

　다음 날 롤인 작업을 하기 위해 냉장실에서 반죽을 꺼냅니다. 반죽을 꺼내기 15~30분 전에는 전날 준비해둔 버터를 냉장고에서 꺼내 실온에 두어 잘 밀리는 굳기로 만들어둡니다.

### 롤인용 버터 준비

① 버터를 같은 두께로 잘라 두꺼운 비닐봉지(가능하면 너비는 20cm 이상)에 넣습니다.

② 처음에는 손으로 눌러 으깹니다. 틈이 생기지 않도록 하세요.

③ 밀대로 때리거나 누르면서 늘입니다.

④ 사방 20cm 정사각형이 되었으면 냉장고에 넣습니다.

※버터는 롤인 작업을 시작하기 15~30분 전에 냉장고에서 꺼내어 반죽과 비슷한 굳기가 되도록 합니다.

## 【 롤인·밀고 접기 】

16

반죽을 롤인용 버터의 2배 크기로 늘이고, 그 위에 버터를 45도 각도로 틀어 놓는다.

17

보자기를 싸듯 반죽을 접어 버터를 감싼다. 반죽 끝부분이 너무 겹치지 않도록 주의한다.

18

반죽이 이어진 부분을 밀대로 누른다.

19

20cm 너비는 그대로 두고 위아래로 길게 80cm 정도까지 늘인다.

20

표면의 덧가루를 꼼꼼히 털어내고, 반죽 윗부분을 안으로 약간 접은 다음 전체를 반 접는다. 밀대로 가볍게 눌러준다.

21

다시 위쪽으로 반 접는다(4절접기).
※작업 시간이 길어져서 반죽 온도가 올라 찐득거린다면 일단 비닐봉지에 넣어서 냉장고에서 식힌다.

22

방향을 90도 바꾸어 조금 전과 똑같이 20cm 너비, 80cm 길이로 늘인다.

23

덧가루를 털어내고 20과 똑같이 반으로 접는다.

24

다시 반으로 접는다(4절접기). 비닐봉지에 넣어 밀대로 모양을 잡은 후 30분 이상 냉장고에서 반죽을 휴지시킨다.

## Chef's comment

# 【 롤인에 관해 】

## ● 롤인 · 밀고 접기

이제 반죽으로 버터를 감쌀 차례입니다.

냉장고에서 꺼낸 반죽은 비닐봉지를 벗깁니다(칼로 봉지 측면을 잘라서 벗 깁니다). 반죽은 준비한 버터의 2배 크기의 정사각형으로 늘입니다. 반죽 과 굳기를 비슷하게 해둔 정사각형의 버터를 45도 각도로 틀어 반죽 위 에 올려놓습니다.

버터 아래로 튀어나온 반죽의 네 귀퉁이를 버터 위로 접어 보자기로 상자를 싸듯이 감싸고, 끝부분을 서로 여밉니다. 접기 전에 튀어나온 부 분을 밀대로 약간 민 다음 접으면 수월합니다. 반죽 끝 부분은 꼼꼼히 여며주세요. 다음 과정에서 버터를 포함한 반죽을 밀대로 밀어야 하는 데, 제대로 여며지지 않으면 버터가 삐져나옵니다.

밀대를 한 방향으로 밀어 약 3~4배로 길어질 때까지 얇게 늘입니다. 천천히, 조금씩 밀어주세요. 반죽과 버터의 굳기가 같아야 하는 것이 포 인트입니다. 이것만 지키면 의외로 간단하고 원활하게 반죽이 늘어날 것 입니다.

3~4배로 늘어났다면 반죽을 4절로 접습니다. 왼쪽 사진에서는 접은 다음 바로 90도 돌려 같은 작업에 들어가지만, 처음 도전할 때는 미는 데 시간이 걸려 반죽 온도가 올라갈 수 있습니다. 그럴 때는 일단 4절로 접은 반죽을 비닐봉지에 담아서 냉장고에 약 30분간 넣어놓아 온도를 떨어뜨리기를 권합니다. 물론 반죽이 아직 차갑고, 늘어지지 않았다면 연달아 작업을 해도 상관없습니다.

아까 4절로 접은 반죽의 방향을 90도 돌려서 똑같은 방법으로 3~4배 늘인 후 4절로 접습니다. 마르지 않도록 해 30분 이상 냉장합니다.

**반죽을 꺼내는 법**
차게 식힌 반죽을 꺼낼 때는 봉지 옆쪽 을 칼로 자르면 효율적입니다.

**여분의 덧가루를 털어내자**
반죽을 접을 때 덧가루가 묻어 있다면 꼼꼼히 털어냅니다.

# 【 성형 】

25

반죽이 충분히 차가워졌다면 다시 너비 20cm, 두께 3mm가 될 때까지 위아래로 밀고, 양쪽 끝이 직선이 되도록 끝부분을 잘라낸다. 긴 변의 한쪽에 10cm 간격으로 표시를 한다. 반대쪽 변은 5cm 어긋나게 해서 마찬가지로 10cm 간격으로 표시를 한다.

26

밑변 10cm, 높이 20cm의 이등변삼각형 모양으로 자른다. 팽 오 쇼콜라용 반죽은 9× 9cm로 잘라낸다.

27

잘라낸 반죽을 평평한 스테인리스 트레이에 올려놓고 다시 냉장고에 넣어 반죽 온도를 냉장고 온도까지 내린다(약 30분).

## 28 반죽이 충분히 차가워졌는지 확인하고 성형한다

이등변삼각형의 밑변 중앙에 칼집을 넣는다. 칼집 부분을 벌려서 가볍게 누른 뒤 꼭짓점 쪽으로 만다. 다 말았을 때 삼각형 꼭짓점이 바닥에 닿을락 말락 하는 정도가 알맞다.

29

정사각형 모양 반죽의 아래 반 정도를 밀대로 민다. 위아래 반죽의 접착면에 달걀물을 바르고 초콜릿을 올린다. 위쪽 반죽이 아래쪽보다 조금 크도록(길도록) 당겨 덮은 뒤 표면에 칼집을 두 군데 넣는다.

## 【 성형에 관해 】

### ● 성형

4절접기를 두 번한 반죽은 30분 이상 냉장고에서 휴지시킨 후 성형에 들어갑니다.

반죽을 폭 약 20cm, 두께 3mm가 되도록 얇게 밀어주세요. 이제 커팅을 할 차례입니다. 식칼 혹은 피자 커터를 이용해 밑변이 10cm, 높이가 20cm인 이등변삼각형 모양으로 자릅니다. 전부 자르고 나면 잠시 쉬어줍니다. 여기까지 작업한 뒤에는 반죽 온도가 올라 버터가 끈적거릴 테니, 이등변삼각형 반죽들을 트레이에 올려서 다시 차가워질 때까지 약 30분간 냉장고에 넣어둡니다.

반죽이 차갑고 단단해졌는지 확인하고 밑변 쪽에서부터 돌돌 말아줍니다. 이때 자른 단면을 건드리면 열심히 만들어놓은 버터 층을 손상시키게 되므로 주의하세요. 꼭짓점 부분이 혀를 내민 것처럼 조금 남게끔 성형하고, 팬에 일정한 간격을 띄워 올려놓습니다. (꼭짓점이 팬에 살짝 닿게 성형해도 오븐에서 부풀어오르는 정도에 따라 위치가 바뀝니다. 전문가는 끝부분이 크루아상 윗부분을 덮고 약간 남도록 성형하기도 하는데, 구운 뒤에는 꼭짓점이 꼭대기에 올라와 있답니다.)

최종 발효, 오븐을 거치면서 약 4배로 부풀어오른다는 점을 고려해 간격을 충분히 주세요. 3.5바퀴 정도 말리면 이상적입니다. 반죽이 찢어지지 않도록 이등변삼각형의 이등변 부분을 약간 늘이면서 말면 더 깔끔하게 성형이 됩니다.

## COFFEE TIME

### 누르는 방법도 있어요

이등변삼각형의 밑변에 칼집을 넣는 대신 밀대로 누르고 말기 시작해도 됩니다.

### 성형 시 주의점

성형을 할 때 잘라낸 크루아상 반죽의 단면은 건드리지 않도록 주의합니다.

단면, 특히 삼각형의 꼭짓점 부분이 층층이 부풀어오르기 위해서는 이 부분이 짓눌리지 않아야 합니다. 반죽을 말았을 때 꼭짓점이 바닥에 살짝 닿을 정도로 성형해, 팬에 간격을 여유롭게 두고 올려놓습니다.

### 응용편 ▶

**반죽을 보관했다가 나중에 굽는 방법**

❶ 이등변삼각형(또는 다른 모양)으로 잘라낸 뒤, 마르지 않도록 비닐봉지에 넣어 냉동합니다(냉장은 불가). 일주일 이내에 사용하세요.

❷ 다음 날, 혹은 2~3일 후 반죽을 냉동실에서 꺼내어 실온에 10분 정도 두었다가 과정 28번부터 진행합니다.

# 【 최종 발효·굽기 전 작업 】

### 30

팬에 충분한 간격을 두고 올려놓아 50~60분 간 최종 발효를 한다. 한 번에 다 구울 수 없을 때는 나중에 구울 분량을 온도가 낮은 곳에 두어야 한다. 발효가 되는 동안 오븐을 예열 한다. 오븐 바닥에 스팀용 팬을 넣어 220도로 설정한다.

### 31

발효가 끝나면 달걀물을 고루 바른다. 반죽의 절단면에는 묻지 않도록 주의할 것. 달걀물이 살짝 마르면 오븐에 넣는다.

### 32

반죽을 넣기 직전에 바닥에 넣어둔 스팀용 팬에 물을 200ml 붓는다(수증기가 급격히 발생하므로 화상에 주의한다). 가정용 오븐은 빵 굽기에 알맞은 습도를 유지하기 어려운데 물을 넣으면 이 결점을 보완할 수 있다.

# 【 굽기 】

### 33

물을 부은 후 바로 반죽을 올린 팬을 넣는다. 오븐 팬이 상하단 두 곳에 들어갈 경우 하단에 넣는다. 팬은 한 번에 1개씩만 넣는다. 오븐을 닫고 설정 온도를 210도로 낮춘다.

### 34

8~11분가량 굽는다. 골고루 구워지지 않는다면 색이 돌기 시작할 즈음 오븐을 열어 팬의 앞뒤 방향을 바꾼다.

### 35

빵 전체에 먹음직스럽게 색이 입혀졌다면 완성. 팬을 오븐에서 꺼내어 작업대 위 10~20cm 높이에서 떨어뜨린다. 크루아상과 같이 결이 있는 빵일수록 효과가 크다(97쪽 참고).

## 두 번째 팬을 넣을 때

오븐의 설정 온도를 다시 220도로 올려서 31부터 반복한다.

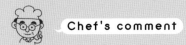

Chef's comment

## 【 최종 발효에서 굽기까지 】

### ● 최종 발효 · 굽기 전 작업

27도, 75%에서 최종 발효를 합니다. 버터가 녹는 온도는 32도이므로 32도보다 5도 낮은 27도 이하의 환경이 좋습니다. 발효 시간은 60분 전후입니다.

### ● 굽기

최종 발효를 마치고 표면을 약간 말린 후 달걀물을 바릅니다. 버터 층(반죽의 절단면)에 달걀물이 묻어버리면 버터 층이 예쁘게 부풀지 않으므로, 버터 층을 피하도록 주의합니다.

210도에서 10분 정도 굽습니다. 크루아상은 길게 구워야 빵의 수분이 날아가고, 버터가 녹아 눌으면서 그 향이 빵에 스며들어 더 맛있어진답니다.

만에 하나 오븐 온도가 너무 낮으면 윤기 나는 예쁜 갈색이 나오지 않으니 주의하세요.

먹음직스럽게 색이 입혀졌다면 완성입니다. 이 빵은 오븐에서 꺼내면 꼭 충격을 주세요. 1개만 빼놓고 다른 빵들을 팬째로 작업대 위에 떨어뜨리면 충격 효과가 얼마나 효과가 있는지 비교할 수 있습니다. 구워 나왔을 때 바로 충격을 준 빵은 기포가 더 많이 남고, 좋은 식감을 유지합니다. 공기 층이 큰 크루아상은 특히 단면을 비교하기 쉽지요. 충격을 준 빵과 주지 않은 빵의 모양과 맛을 비교해보세요. 자세한 내용은 97쪽에 있습니다.

# 단과자빵의 필링과 토핑

단과자빵에 사용할 팥앙금, 밤앙금, 단호박앙금은 시판 제품을 구입하기를 추천합니다. 좀 묽은 것 같다면 더 졸여서 단단하게 만들고, 너무 된 것 같다면 물을 조금 넣어 다시 끓여보세요. 비장의 방법을 하나 소개하자면, 좋아하는 빵집 주인과 친해지는 것입니다. 앙금을 조금이나마 판매해줄지도 모릅니다.

## ● 커스터드 크림
단위: g

| 우유의 양 기준 | 100g | 200g | 400g |
|---|---|---|---|
| ① 우유 | 100 | 200 | 400 |
| ② 백설탕 | 15 | 30 | 60 |
| ③ 달걀노른자 | 24 | 48 | 96 |
| ④ 밀가루 | 4 | 8 | 16 |
| ⑤ 옥수수 전분 | 4 | 8 | 16 |
| ⑥ 백설탕 | 10 | 20 | 40 |
| ⑦ 브랜디 | 3 | 6 | 12 |
| ⑧ 버터 | 10 | 20 | 40 |
| ⑨ 바닐라 오일 | 약간 | 약간 | 약간 |
| 합계 | 170 | 340 | 680 |

### 만드는 법

1 ①우유를 프라이팬에 붓고 불에 올립니다. 거기에 ②설탕을 천천히 넣습니다. 이렇게 하면 우유 바닥에 설탕 피막이 생깁니다. 설탕이 캐러멜화하는 온도는 160도이므로 탈 염려가 없어집니다.

2 우유를 데우는 사이 ④밀가루와 ⑤전분, ⑥설탕을 볼에 넣고 거품기로 잘 섞어줍니다. ③달걀노른자를 넣어 다시 섞고, ⑨바닐라 오일을 약간 넣습니다.

3 1의 우유가 끓기 시작하면 불을 끄고 ⅓을 2의 볼에 부으면서 재빨리 거품기로 휘저어줍니다. 천천히 저으면 뭉칠 수 있습니다.

4 3을 다시 우유가 담긴 프라이팬에 붓고 가열하면서 거품기로 저어줍니다. 끓기 시작하면 불을 끄고 ⑧버터를 넣습니다.

5 다시 가열하다가 끓기 시작하면 완성입니다. 여기서의 가열 시간이 커스터드 크림의 굳기를 결정하므로 끓기 시작한 뒤 얼마나 오래 가열했는 지 기억해둡니다.

6 불을 끄고 ⑦브랜디를 넣어 잘 섞은 뒤 되도록 빠르게 트레이 등 얕은 용기에 옮기고, 랩을 씌워 냉장고에서 식힙니다. 빨리 냉각할수록 커스터드의 보존성이 좋아집니다.

## ● 멜론 껍질 (비스킷 반죽)
단위: g

| 밀가루의 양 기준 | 100g | 200g | 400g |
|---|---|---|---|
| ① 버터 | 30 | 60 | 120 |
| ② 백설탕 | 50 | 100 | 200 |
| ③ 달걀노른자 | 8 | 16 | 32 |
| ④ 달걀(흰자 포함) | 10 | 20 | 40 |
| ⑤ 우유 | 12 | 24 | 48 |
| ⑥ 밀가루 | 100 | 200 | 400 |
| ⑦ 베이킹파우더 | 0.5 | 1 | 2 |
| 합계 | 210.5 | 421 | 842 |

### 만드는 법

1 ⑥밀가루와 ⑦베이킹파우더를 섞어놓습니다.

2 실온에 둔 ①버터에 ②설탕을 넣어 섞습니다.

3 ③달걀노른자와 ④달걀, ⑤우유를 섞어서 32도로 데워둡니다. 완성된 비스킷 반죽의 온도가 27도 전후가 되도록 계절에 따라 데우는 온도를 조절합니다.

4 2에 3을 분리되지 않도록 3~4번에 나누어 넣습니다.

5 골고루 섞인 4에 1을 넣고 주걱으로 가루가 보이지 않을 때까지 섞어줍니다. 하룻밤 냉장고에 두어 전분이 수화되면 완성입니다.

6 반죽 무게와 같은 무게로 나누어 밀대로 반죽 크기의 2배 정도 되도록 동그랗게 밀어놓습니다.

# STEP 2
# 빵 만들기 재료

이 책의 목표는 가능한 한 적은 종류의 재료로 맛있는 빵을 만드는 것입니다.

그러기 위해 필요한 최소한의 지식을 이번 장에 망라했습니다.

밀가루에 섞고 싶은 재료는 얼마든지 섞을 수 있습니다(물론 생 파인애플 같은 건 어렵지만요).

건강에 좋은 재료, 첨가제, 텃밭에서 따온 야채나 과일에 대한 기초지식만 있으면 당신만의 빵을 만들 수 있습니다.

기대되지 않나요?

# 밀가루

## 1. 밀가루의 선택 기준

본문에서는 빵마다 그에 알맞은 단백질(주로 글리아딘과 글루테닌)량이 들어 있는 밀가루를 선택했습니다. 마트에 밀가루 종류가 많아 고민되겠지만, 일단 제빵용 밀가루(강력분)나 면용 밀가루(중력분)라면 어떤 것이든 괜찮습니다. 굳이 더 자세히 들어가면 밀가루의 종류에 따라 넣어야 할 물의 양과 만들어지는 빵의 볼륨이 달라지기는 합니다. 하지만 어떤 것을 쓰든 맛있는 빵을 만들 수 있으므로 크게 신경 쓰지 않아도 괜찮습니다.

일반적으로 밀가루에 포함된 단백질량이 많을수록 글루텐이 많이, 강하게 형성되며 당연히 반죽도 강하게 해야 합니다. 우리는 기계를 쓰지 않고 손으로 반죽할 것이기 때문에 밀가루의 단백질 함량은 11.0~11.5% 전후 정도로 적게 하는 편이 반죽하기 쉽다고 판단하고 그에 맞는 배합을 소개했습니다.

물론 밀가루의 단백질 함량이 높을수록 빵이 보기 좋게 부풀며, 막 구워져 나왔을 때 부드럽습니다. 하지만 그만큼 빵이 식으면 질겨서 씹기 힘들어진다는 점도 기억해주세요.

단, 아무리 밀가루의 단백질량이 많아도 설탕이나 버터 등의 부재료가 많이 들어가면 이론적으로는 글루텐이 약해지며 덜 질긴 빵이 된답니다.

### COFFEE TIME

#### <빵 반죽>과 <빵>

밀가루에 물을 부어 섞으면 빵 반죽이 만들어집니다. 하지만 우리가 먹는 것은 빵입니다. 그렇다면 반죽은 언제 빵으로 바뀌는 것일까요? 몰라도 먹는 데는 지장이 없지만, 빵을 만들고자 한다면 알아두어야 합니다.

반죽을 지탱하는 골격은 글루텐입니다. 그러나 빵의 골격은 알파화(호화)한 전분입니다. 오븐 내에서 반죽의 온도가 서서히 올라가는 동안 글루텐은 전분에게 물을 빼앗기고 변성하며 늘어나는 힘을 잃어버립니다. 한편 전분은 글루텐에서 빼앗은 물을 통해 베타 전분에서 알파 전분으로 바뀝니다. 이때가 바로 반죽이 빵으로 변하는 순간이지요.

## 2. 왜 밀가루일까?

쌀, 밀, 호밀, 콩, 옥수수, 조…… 곡물의 종류는 아주 다양합니다. 이 곡물들은 전부 낱알 그대로, 혹은 가루를 내서 조리해 먹을 수 있습니다. 쌀가루, 밀가루, 호밀가루, 콩가루, 옥수수가루 등이지요. 하지만 빵을 만드는 데 사용하는 것은 밀가루뿐입니다(호밀가루 등 일부 예외가 있지만요). 다른 곡물로는 빵을 못 만드는 걸까요?

빵을 만드는 데 밀가루가 사용되는 이유는 밀가루만이 글리아딘과 글루테닌이라는 단백질을 모두 가지고 있기 때문입니다. 밀가루에 물을 부어 반죽하면 글리아딘과 글루테닌이 결합해 글루텐이라는 새로운 단백질을 만들어냅니다. 빵을 부풀어오르게 만드는 것은 바로 이 글루텐입니다.

빵 효모는 당을 먹고 탄산가스와 알코올을 배출합니다. 이 탄산가스를 글루텐이 둘러싸면 빵이 부드럽게 부풀어오르게 됩니다.

여기서 오해하기 쉬운데, 글루텐은 밀가루에 원래 존재하는 것이 아니고 밀가루의 글리아딘과 글루테닌이라는 두 단백질에 물을 부어 반죽함에 따라 비로소 만들어지는 것이랍니다. 글루텐은 처음에는 느슨하게 결합된 덩어리지만, 반죽을 하게 되면 단단히 결합하면서 얇게 늘어납니다. 얼마 전까지만 해도 글리아딘과 글루테닌이 결합해 글루텐이 되려면 힘주어 반죽해야 한다고, 즉 에너지를 많이 가해야 한다고 여겼지만, 현재는 밀가루에 물을 부어 조금이라도 반죽을 하면 약하게나마 글루텐이 형성된다는 사실이 증명되었습니다. 이제는 그렇게 형성된 글루텐을 끈끈하게 결합시키고 얇게 늘이는 것이 반죽을 하는 목적이라고 여기게 되었습니다. 빵을 반죽할 때는 이런 이미지를 떠올리며 반죽해보세요. 좀 더 효과적인 동작을 할 수 있을 것입니다.

### COFFEE TIME

#### 밀의 종류

밀은 여러 기준으로 분류할 수 있습니다. 낱알의 단단한 정도를 기준으로 하면 '경질밀과 연질밀'로, 밀을 심는 시기(파종기)를 기준으로 하면 '봄밀과 겨울밀'로, 낱알의 껍질 색을 기준으로 하면 '흰 밀과 붉은 밀'로 나뉩니다. 일반적으로 사용하는 제빵용 밀은 '경질, 봄, 붉은 밀'입니다.

## 3. 고급 밀가루에는 단백질이 많나요?

밀가루는 용도별, 등급별로 분류합니다. 용도별로는 빵용 밀가루(강력분), 중화면용 밀가루(준강력분), 면용 밀가루(중력분), 과자·튀김용 밀가루(박력분)로 분류하며, 등급별로는 1등급, 2등급, 3등급과 등급 외로 분류합니다. 용도 분류는 주로 밀 품종에 따르지만, 등급 분류는 품종과 관계없이 밀알의 부위에 따릅니다. 중심부에 가까울수록 회분이 적고 색이 희며, 등급과 가격이 높습니다. 하지만 제빵에 중요한 단백질량과는 관계가 없습니다. 오히려 등급이 높고 흰 밀가루일수록 단백질량이 적은 경향이 있습니다. 이것은 밀을 제분할 때 밀의 중심부를 1등급으로, 바깥 부분을 2등급으로 치기 때문입니다. 밀의 중심부는 가루가 희지만 성분상으로는 완숙한 전분이 많으며, 실제 단백질과 미네랄, 식이섬유 등은 바깥쪽에 더 많습니다.

● 밀알의 구조(%는 밀알 전체에 대한 중량 비율)

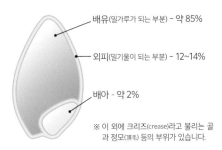

배유(밀가루가 되는 부분) - 약 85%

외피(밀기울이 되는 부분) - 12~14%

배아 - 약 2%

※ 이 외에 크리즈(crease)라고 불리는 골과 정모(頂毛) 등의 부위가 있습니다.

● 제빵용 밀가루의 성분

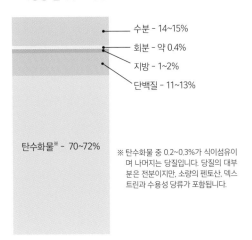

수분 - 14~15%

회분 - 약 0.4%

지방 - 1~2%

단백질 - 11~13%

탄수화물※ - 70~72%

※ 탄수화물 중 0.2~0.3%가 식이섬유이며 나머지는 당질입니다. 당질의 대부분은 전분이지만, 소량의 펜토산, 덱스트린과 수용성 당류가 포함됩니다.

**COFFEE TIME**

### 회분이 무엇인가요?

회분이란 밀가루나 밀에 포함된 무기질(미네랄)을 말하며, 밀을 완전히 연소시킨 뒤에 남는 찌꺼기의 양으로 표시합니다. 무기질은 밀 껍질 부분에 많은데, 중심부의 20배에 달합니다. 회분이 많은 밀가루는 색이 어둡고 잡맛이 있어 등급이 낮지만, 요즘에는 영양분이 더 많고 개성 있는 빵을 만들 수 있다는 이유로 주목받는 추세입니다. 회분의 양은 제빵 적성에도 영향을 미치지만, 마트에서 파는 밀가루 중에 회분이 많은 것은 없으므로 크게 신경 쓸 필요는 없습니다.

## 4. 갓 수확한 밀과 핫 플라워

지금까지 갓 수확한 밀은 제빵에 적합하지 않다고 여겼습니다. 밀은 농산물이므로 연도에 따라, 기후에 따라 품질이 달라집니다. 또한 제분한 지 오래되지 않은 밀가루는 핫 플라워(그린 플라워, 어린 가루)라고 부르며 제빵에 쓰기에는 문제가 있다고 여겼습니다.

하지만 생각해보세요. 쌀, 메밀, 옥수수 등 많은 곡물은 갓 수확했을 때, 갓 제분했을 때가 가장 맛있습니다. 밀가루만이 예외일까요? 예를 들면, 메밀도 수확한 직후, 제분한 직후, 면을 뽑은 직후, 삶은 직후에 가장 맛있게 먹을 수 있다고 하는데요.

여기서부터는 제 독단이지만, 밀가루도 수확한 직후, 제분한 직후, 구워낸 직후가 가장 맛있다고 생각합니다. 밀은 연도에 따라 품질이 다르며, 갓 제분한 밀가루를 사용하면 반죽이 끈적거리고 잘 퍼지므로 빵을 만들기 어려운 것은 사실입니다. 하지만 이 현상도 제분 후 1주일이면 대부분 해소되며, 기계로 대량생산할 때나 제빵 적성의 차이를 실감할 수 있습니다. 홈베이킹에서는 1주일 이내에 수확된 밀가루를 쓰게 될 일도 거의 없으며, 손반죽을 할 때는 만들기 어렵다는 것도 거의 느껴지지 않습니다. 즉, 시판 빵보다 맛있는 빵을 집에서 만들 기회가 있다는 뜻입니다.

# 빵 효모

※이 책에서는 늘 인스턴트 드라이 이스트(레드)를 사용합니다.

## 1. 빵을 만들 때 사용하는 효모의 종류

효모는 41속 278종으로 분류하는데, 빵 효모는 그중 사카로미세스 속 세레비시에 종에 속합니다. 사카로미세스 세레비시에 종에는 빵 효모뿐 아니라 청주 효모, 맥주 효모, 와인 효모 등 양조용 효모도 포함되어 있습니다. 참고로 1g의 생 빵 효모에는 100억 개의 효모가 들어 있답니다.

시판 빵 효모에는 여러 종류가 있습니다. 생 이스트, 드라이 이스트, 인스턴트 드라이 이스트, 세미 드라이 이스트 등인데, 형태로 인한 구분일 뿐 다 같은 효모입니다. 물론 형태가 다르면 사용하는 방법도 다르기 때문에 올바른 방법을 숙지해 사용해야 합니다. 효모가 제대로 발효만 한다면 반드시 근사한 빵이 구워집니다. 걱정하지 말고 자유롭게 빵을 만들어보세요.

이 외에도 빵 효모에는 발효력, 향(장미 향기가 나는 효모도 있습니다), 맛, 반죽 내 생산물이나 발효 형태가 다른 것(전반에 발효력이 큰 것 혹은 후반에 큰 것), 내당성(설탕내성)이나 냉동내성, 냉장내성 등이 뛰어난 것, 일정 온도 이하에서는 극단적으로 발효력이 떨어지는

### COFFEE TIME

### 빵 효모의 종류와 수분량

책에서는 구하기 쉽고 초보자도 다루기 쉬운 인스턴트 드라이 이스트(레드)만을 사용해서 기본적인 빵을 만들었지만, 생 효모를 구할 수 있다면 그걸로 만들어도 좋습니다. 동네 빵집 주인과 친해지면 기꺼이 나누어줄 것입니다. 그뿐만 아니라 제빵에 대한 조언도 해줄지 모르지요. 제빵에 관한 주치의를 만든다는 기분으로 동네 빵집과 친분을 쌓는 건 어떨까요?

주의할 점은 생 효모의 수분이 68.1%인 것에 비해 인스턴트 드라이 이스트의 수분은 5~9%에 불과하다는 점입니다. 활성도의 차이를 고려해서 생 효모를 사용할 때는 사용량을 2배 늘립니다. 생 효모를 4% 사용한다고 치면 수분이 4%×0.68=2.7% 많아지므로 반죽이 물러집니다. 대신 물의 양을 줄이세요.

것 등 많은 종류가 있습니다. 공부를 하면 할수록 빵 효모의 세계가 넓다는 것을 실감할 수 있답니다.

## 2. 이스트와 천연 효모

'천연 효모'라는 말을 내건 곳을 종종 보는데, 과연 올바른 표현일까요? 효모는 생물입니다. 우리 인간은 아직 생물을 만들어낼 수 없습니다. 그러므로 애초에 '인공 효모'는 존재하지 않습니다. 대응되는 인공물이 존재하지 않으면 '천연'이란 표현도 쓸 수 없겠지요. 인간 중에 '인공 인간'이 없으므로 '천연 인간'이라는 말을 쓰지 않는 것과 같은 이치입니다.

이스트는 영어로 효모를 의미하는데, 설문조사를 하면 절반이 넘는 분들이 이스트를 화학합성물질로 보고 몸에 좋지 않다고 생각합니다. 하지만 이스트는 효모 그 자체이며 문자 그대로 생물로서 엄연히 자연계에 존재하는 물질입니다.

하지만 소비자의 오해는 좀처럼 풀리지 않습니다. 그래서 제빵회사, 연구기관 등을 중심으로 검토위원회를 열어 '이스트'와 '천연 효모'라는 표현 둘 다 사용을 자제하고, '이스트'는 '빵 효모'로, '천연 효모'는 '자가발효종' 또는 '건포도종'이나 '주종' 등 재료를 표현하는 말로 바꾸도록 권고했습니다. 빵집 중에도 점점 이 흐름을 받아들이는 곳이 늘어나고 있습니다.

## 3. 인스턴트 드라이 이스트 사용법

인스턴트 드라이 이스트는 '반죽'에 첨가하는 것이 원칙입니다. 그러므로 인스턴트 드라이 이스트를 제외한 다른 재료들로 반죽을 시작해 가루가 보이지 않을 만큼 뭉친 뒤에 인스턴트 드라이 이스트를 넣습니다.

일반적으로 빵 효모의 적정 활동 온도는 28~35도이며, 인스턴트 드라이 이스트는 특히 15도 이하의 물이나 반죽과 만나면 활성이 현저히 저하된다는 결점이 있습니다. 따뜻한 물로 반죽하는 겨울에는 문제없지만 찬물을 써야 하는 여름, 혹은 페이스트리와 같은 저온 반죽을 만들 때는 주의해야 합니다.

가끔 빵 효모의 활성을 촉진하고자 인스턴트 드라이 이스트를 온수에 녹여 사용하는 분도 있습니다. 이렇게 하면 초기 활성도는 확실히 올라가지만, 온수 온도나 물에 담가두는 시간 등이 달

라지면 효모의 활성도도 달라지며 그에 따라 완성된 빵의 품질도
들쑥날쑥해지므로 권장하지 않습니다.

## 4. 인스턴트 드라이 이스트의 보관

진공 팩에 담긴 인스턴트 드라이 이스트는 미개봉 상태라면 실온
에서 24개월까지 보관할 수 있습니다. 그러나 개봉한 뒤에는 공
기나 수분이 들어가지 않게 밀봉해 냉장고에 보관하는 것이 원칙
입니다.

# 소금

## 1. 소금의 종류

요리에는 종종 특별한 소금이 사용되지요. 주먹밥, 절임류, 파스타 같은 심플한 요리에는 소금의 맛이 바로 반영됩니다. 그러나 빵은 아쉽게도 특별한 소금을 넣는다고 해서 맛과 향이 크게 달라지지는 않아요. 그래도 재료를 믿는 마음이 중요하니, 특별한 소금을 구비해 놓았다면 빵을 만들 때도 사용해보세요.

## 2. 소금 첨가 타이밍

빵 반죽법 중에 후염법이라는 것이 있습니다. 소금은 글루텐을 수렴시켜 잘 늘어나지 못하게 합니다. 빵집에서처럼 믹서를 사용한다면 힘이 강하기에 소금을 넣어서 반죽을 시작해도 상관없지만, 손으로 반죽할 때는 믹서보다 힘이 약하므로 먼저 반죽을 만들어서 글루텐이 충분히 결합되고 늘어나게 한 후에 소금을 첨가해야 잘 연결된 반죽이 만들어집니다.

## 3. 소금의 양

빵의 맛은 소금의 양으로 결정된다고 해도 과언이 아닙니다. 또한 소금의 양은 효모의 활성에도 큰 영향을 줍니다. 밀가루를 100으로 했을 때 0.2% 이내라면 효모의 활성을 강화하지만, 그보다 많을 때는 활성을 저해합니다. 소금과 설탕의 양은 맛의 균형 측면에서 반비례하는데, 효모에 대한 침투압 면에서도 설탕의 양이 늘어나면 소금을 줄여야 합니다.

**COFFEE TIME**

### 소금을 얼마나 넣을까

소금은 맛 때문에라도, 제빵성을 올리기 위해서라도 빵을 만들 때 빼놓을 수 없는 재료입니다. 하지만 소금을 사용할 때는 빵 효모에 대한 침투압도 고려해야 합니다. 소금 농도나 설탕 농도가 너무 높으면 효모의 활성이 저하됩니다.

그러므로 배합에서 설탕의 양을 늘리면 효모의 양도 같이 늘려야 합니다. 대신 소금은 맛의 균형과 효모의 활성을 고려해서 설탕과 반비례하도록 줄입니다.

# 설탕

## 1. 설탕의 종류

설탕에는 백설탕, 그래뉴당, 흑설탕, 황설탕, 삼온당, 자당, 분당 등 여러 종류가 있습니다. 가족의 건강을 위해 유기농 설탕 등 특별한 종류를 구비해놓았다면 빵을 만들 때도 사용해보세요. 맛은 조금씩 달라지지만 제빵에는 큰 차이가 없습니다.

## 2. 설탕의 양

빵의 종류에 따라 첨가하는 설탕의 양은 다릅니다. 빵의 특징을 결정짓는 요소는 여러 가지가 있지만, 설탕의 양이 대표적인 요소입니다.

이 책에서는 설탕의 양에 따라 빵을 분류하고, 분류마다 대표적인 빵을 골라 STEP 1과 4에서 소개했습니다. 이 책에 적혀 있는 양이 절대적인 것은 아니지만, 내 입에 맞는 배합이 표준적인 레시피와 어떻게 차이가 나는지 알아두는 것도 중요하답니다.

## 3. 감미도

당의 종류에 따라 단맛의 느낌도 다릅니다. 설탕을 100으로 놓고, 다른 당류의 단맛을 관능검사 결과(15도, 15% 용액)로 나타낸 수치를 감미도라고 합니다. 과당의 감미도는 165, 포도당은 75, 맥아당은 35, 유당은 15입니다. 다이어트를 하려는 분은 감미도가 높은 당을 사용하면 사용량을 줄이면서도 달콤한 빵을 만들 수 있습니다. 더 신경을 쓰겠다면 고감미료인 아스파탐, 스테비아의 사용을 고려해볼 수도 있지만 고감미료를 사용할 때는 연구가 필요합니다. 고감미료는 빵 효모의 영양원이 될 수 없기 때문에 효모가 발효 시간 동안 영양분으로 사용할 당(유당을 제외한 이당류 이하의 당, 즉 자당, 맥아당, 과당, 포도당)을 소량(발효 1시간당 1%) 첨가할 필요가 있습니다.

## 4. 맛있는 빵을 만들어내는 화학반응

당분은 단맛을 내는 역할 외에 빵의 풍미, 향, 색을 형성하는 역할도 합니다.

먼저, 빵 효모의 발효작용으로 당에서 만들어지는 알코올이나 에스테르는 빵 특유의 매혹적인 풍미와 향을 만듭니다. 또한 당이 고온에서 변하는 캐러멜화, 당과 단백질이 반응하는 마이야르 반응은 맛과 향을 더하고 진한 껍질색도 만들어냅니다.

캐러멜화 반응은 당의 종류에 따라 110~180도 사이에서 일어납니다. 한편, 마이야르 반응은 상온에서도 느리게 일어나며 155도 부근에서 활발해집니다.

### COFFEE TIME

#### 액체 설탕을 사용하고 싶을 때는

빵을 만들 때 어떤 설탕을 쓰든 상관없지만 액당은 발효를 늦어지게 할 수 있습니다. 액당을 사용할 때는 빵 효모(인스턴트 드라이 이스트)의 양을 늘립니다.

# 버터(유지)

## 1. 유지의 맛과 제빵 적성

유지 중에서는 버터가 가장 빵을 맛있게 합니다. 하지만 모든 빵을 맛있게 만들 수 있는가 묻는다면 고개를 저을 수밖에 없습니다. 프랑스빵이 대표적이지요. 프랑스빵의 고소한 냄새와 맛은 유지가 들어가지 않았기 때문에 나는 것입니다. 소프트 프랑스 등 유지 첨가량이 적은 빵은 발효향과 담백한 맛이 특징입니다. 여기에 버터를 넣으면 버터 맛이 전면에 드러나면서 전체 맛의 균형을 해칩니다. 이때는 무미 · 무취의 쇼트닝 또는 라드가 더 어울릴 것입니다.

　일반적으로 빵 만들기에 좋은 것은 고형 유지(버터, 라드)지만, 바삭거리는 식감을 내고 싶다면 액상 유지(올리브유, 샐러드유, 콩기름 등)가 나을 수도 있습니다. 여름에 차게 식혀 먹을 빵이라면 고형 유지보다 액상 유지로 만드는 편이 식감이 더 부드럽습니다. 지식은 물론 중요하지만, 실제로 빵을 만들어보는 것이 더 중요하답니다.

## 2. 유지로 노화 방지

빵은 발효 시간이나 배합에 따라 수명에 차이가 납니다. 발효 시간이 짧고, 유지 첨가량이 적을수록 수명이 짧아지는 경향이 있습니다. 유지가 첨가되지 않은 빵을 별개로 하면, 유지가 많고 그 유지를 수용할 만큼의 단백질(글루텐)이 반죽 속에 존재하며 적정하게 반죽해준 빵이 노화가 느립니다. 유지를 많이 넣는 스위트롤이나 파네토네, 판도로 등이 좋은 예입니다. 특수한 예로 독일의 슈톨렌이 있는데, 버터로 코팅해 3~4개월 동안 먹을 수 있다고 합니다.

## 3. 쉽게 썰리게

유지에는 금방 떠오르지 않는 장점이 하나 더 있는데, 바로 쉽게 썰리게 해준다는 것입니다. 유지가 첨가되지 않은 프랑스빵은 깔끔하게 썰기 어렵고, 유지가 전혀 없는 독일빵은 증점다당류(펜토산)도 많아 썰 때마다 청소를 해야만 합니다(물론 독일빵 전용 슬라이서를 쓰면 문제가 없지만요). 빵칼(파도형 칼)로 썰 때는 크게 느껴지지 않을지도 모르지만, 유지가 0.5%만 빵에 들어가 있어도 놀라울 만큼 부드럽게 썰린답니다.

## COFFEE TIME

### 버터의 가소성 범위

만들려는 제품에 따라 차이는 있지만 제과제빵 작업에서는 액상 유지(샐러드유, 올리브유 등)보다는 고형 유지(버터, 마가린 등)를 사용하는 편이 좋고, 고형 유지도 가소성 범위(부드러운 상태)로 만들어서 사용하는 편이 좋다고 합니다. 고형 유지는 매우 작은 결정과 액상 유지가 균일하게 혼합된 물체입니다. 결정들의 녹는점이 일정하지 않으며, 온도가 높아지면 녹는점이 낮은 결정이 녹으면서 액상 유지가 늘어나고 부드러워집니다. 온도가 낮아지면 액상 유지의 일부가 결정화해 액상 유지는 줄어들고 단단해집니다.

　보통 버터의 가소성 범위는 17~25도, 최적의 가소성 범위는 18~22도입니다. 이 온도 범위 안에서 버터는 빵 반죽 속 글루텐을 따라 잘 늘어납니다. 버터크림을 만드는 경우 공기를 잘 품고, 버터케이크 반죽에서는 설탕과 섞였을 때 공기를 잘 품게 됩니다. 이 범위를 유지하기 위해서 겨울에는 버터, 달걀, 밀가루를 따뜻하게, 여름에는 달걀, 설탕, 밀가루를 차게 해서 사용하기도 합니다.

# 달걀

## 1. 달걀의 역할

달걀은 빵의 볼륨을 키우는 효과도 있지만, 주로 크림과 크러스트의 색을 먹음직스럽게 만들기 위해 사용합니다. 물론 영양 면에서도 좋지요.

## 2. 달걀의 크기

마트에 가면 달걀을 왕란, 특란, 대란, 중란, 소란 등 크기별로 나누어 팔고 있습니다. 그러나 사실 달걀노른자의 크기는 전체 달걀 크기와 상관없이 거의 비슷합니다. 즉, 작은 달걀일수록 노른자의 비중이 더 크다는 뜻입니다. 그렇다면 당연히 빵집에서는 빵에 따라 달걀 크기도 구분해서 쓰겠지요? 노른자를 쓰는 커스터드 크림은 소란을, 흰자를 쓰는 엔젤쉬폰이나 튀일 등은 대란을 사용합니다.

## 3. 달걀의 수분

빵의 볼륨을 더 크게 만들고 싶거나 크림과 크러스트의 색, 윤기를 더 근사하게 만들고 싶을 때, 달걀을 바꾸거나 배합에서 달걀의 비율을 늘릴 수 있습니다. 그럴 때는 당연히 배합표의 물의 양도 바꾸어야 합니다. 달걀의 수분을 76%로 잡고 물의 양을 다시 계산하세요. 예를 들어 달걀을 100g 더 넣는다면 물은 76g 줄여야 합니다.

## COFFEE TIME

### 수분에 대해

처음에는 어렵겠지만, 빵 만들기에 점점 익숙해지면 기존 배합을 수정해 내 입에 맞는 빵을 만들고 싶어질 것입니다. 그럴 때 알아두면 좋은 것이 제빵 재료의 수분 비율입니다. 주요 재료 각각의 수분 비율을 알면 전문가에 한걸음 가까워진 셈입니다. 밀가루 14%, 생 이스트 68%, 인스턴트 드라이 이스트 5~9%, 버터 16%, 달걀 76%, 우유 87%입니다. 설탕과 유지도 물의 양에 영향을 주는데, 설탕 혹은 유지를 5% 증감할 때 물은 반비례로 1%씩 증감합니다.

※ 구체적인 계산 예를 아래 표에 나타냈습니다(a를 b로 바꿀 경우 물의 양이 얼마나 바뀌는가).
밀가루, 설탕, 유지의 증감률은 전문가의 경험에 따른 것입니다.

● 테이블 롤의 예

|  | a | b |  |
| --- | --- | --- | --- |
| 배합 | 베이커스 퍼센트 | 베이커스 퍼센트 | 흡수율 변화 |
| ① 밀가루(강력분) | 100 | 80 |  |
| ② 밀가루(박력분) | - | 20 | -2<br>강력분 100%를 박력분 100%로 바꾸면 흡수가 10% 감소합니다. |
| ③ 인스턴트 드라이 이스트(레드) | 2 | 2 | 0 |
| ④ 소금 | 1.6 | 2 | 0 |
| ⑤ 설탕 | 13 | 8 | 1<br>설탕이 5% 감소하면 흡수율은 1% 증가합니다. |
| ⑥ 버터 | 15 | 20 | -1<br>버터가 5% 증가하면 흡수율은 1% 감소합니다. |
| ⑦ 달걀 | 15 | 25 | -7.6<br>달걀의 수분은 76%이므로 달걀이 10% 늘면 흡수율은 7.6% 감소합니다. |
| ⑧ 우유 | 30 | 20 | 8.7<br>우유의 수분은 87%입니다. |
| ⑨ 물 | 20 | 19.1 | -0.9<br>흡수율 변화를 계산해보면 전체적으로 0.9% 감소했습니다. |
| 합계 | 196.6 | 196.1 |  |

## 달걀에 대해 제대로 알기

달걀에는 잘못된 상식이 많습니다. 휘둘리지 않도록 주의합시다.

| 〈잘못된 상식〉 | 〈올바른 상식〉 |
|---|---|
| 무정란보다 유정란에 영양이 많다 | 표면이 까슬까슬한 것이 신선하다. |
| 흰 달걀보다 색 있는 달걀에 영양이 많다. | 달걀노른자가 볼록한 것이 신선하다. |
| 노른자 색이 짙은 것이 영양이 많다(사료에 포함된 색소의 영향이 크다). | 흰자가 덜 퍼진 것이 신선하다. |
| 달걀은 콜레스테롤이 많아서 동맥경화를 일으킨다. | 날달걀은 소화가 어렵지만, 완숙보다는 반숙이 소화가 빠르다. |
| 갓 낳은 달걀이 맛있다. | 오래된 달걀일수록 삶았을 때 껍질이 잘 벗겨진다. |

# 우유

## 1. 우유의 역할

우유에는 단맛을 내는 유당이 약 5% 함유되어 있습니다. 유당은 구조상 빵 효모가 영양분으로 사용하지 않으므로 분해되지 않고 캐러멜화나 마이야르 반응을 통해 빵의 색과 맛, 향을 형성하는 역할을 합니다. 또한 우유를 반죽에 넣으면 밀가루의 제한아미노산인 라이신 등을 강화하며, 영양 역시 좋게 합니다.

알레르기가 있는 분은 약간 적은 양의 물, 혹은 두유로 대체해도 좋습니다.

## 2. 반죽에 주는 영향

옛날에는 반죽에 우유를 넣으면 반죽이 퍼지고 끈적거리며 발효가 늦어지는 문제가 있어, 반드시 한 번 끓여서 사용하는 것이 상식이었습니다. 그러나 요즘 우유는 대부분 초고온에서 단시간 살균처리(120~150도에서 1초 이상 5초 이내 살균하는 UHT: Ultra High Temperature Heating Method)되므로, 물 대신 넣어도 반죽에 별다른 영향을 주지 않습니다.

## 3. 기타 유제품

우유 외에도 스프레이 드라잉(분무건조)으로 만드는 스킴 밀크, 전지분유, 버터를 제거한 다음 만드는 탈지분유, 연유, 가당연유 등 여러 종류의 유제품이 판매되고 있습니다. 책에서는 냉장고에 있는 우유를 사용하도록 했지만, 흥미가 생기신 분은 다른 유제품도 사용해보세요.

저희 집 냉장고에는 두유가 있을 때가 많아서 두유로 반죽하기도 하는데, 우유를 썼을 때와 달라지는 점은 거의 없습니다.

# 물

## 1. 수돗물로 충분하다

제빵에 적합한 물은 경도 120mg/ℓ 전후의 약한 경수(연수: 0~120mg/ℓ, 경수: 120mg/ℓ 이상, WHO 기준)이지만, 수돗물의 90% 이상은 60mg/ℓ 전후입니다. 지금까지 여러 지역의 수돗물로 빵을 만들어보았지만, 빵을 만드는 데 지장이 있는 경우는 없었습니다. 수돗물을 쓸 때 걱정할 필요가 없습니다.

그러나 지하수의 경우에는 다를 수도 있습니다. 일전에 카루이자와에서 빵을 만들 기회가 있었는데, 좋은 의미로 빵 반죽이 단단해졌답니다. 수돗물을 사용한 일반 배합으로는 좋은 빵이 만들어지지 않아서 카루이자와 지하수를 쓰기 위해 배합을 개발해야 했습니다.

미네랄워터, 특히 경도가 높은 콩트렉스를 사용하는 분도 있지만, 이 책에서는 특수한 제법이나 특수한 빵을 지향하지 않으므로 수돗물이면 충분합니다.

## 2. 물의 양이 많을수록 빵이 맛있어진다

초보자에게는 반죽이 약간 단단해야 다루기 쉽습니다. 이상적인 반죽의 되기는 곧잘 귓불에 비유하는데, 반죽을 끝낸 시점에 귓불보다도 부드러운 아기 엉덩이 정도의 촉감이 되도록 물의 양을 결정하세요. 숙련되면 물은 되도록 많이 넣는 편이 좋습니다. 빵이 더 맛있어지고 노화도 느려진답니다.

## 3. 반죽의 온도 조절

물은 제빵 재료들 중에서 가장 중요한 역할을 담당합니다. 쌀가루로도 어떻게든 빵은 만들 수 있고, 소금이나 설탕이 없어도, 대체품을 사용해서라도 빵을 만들 수 있습니다. 그러나 물을 대신할 수 있는 재료는 없습니다. 빵 효모도 물이 없다면 아무 역할을 하지 못합니다. 또한 물의 온도는 반죽 온도를 조절하는 역할도 합니다. 크루아상 등 온도가 낮은 반죽을 만들어야 할 때는 전날 미리 페트병에 수돗물을 담아 냉장고에 넣어두세요. 여름에는 이 페트병 냉수가 다른 빵 반죽을 만드는 데도 활약할 것입니다.

## 4. 물의 pH

과학을 조금 아시는 분이라면 물의 pH가 궁금하실지도 모르겠습니다. pH란 물에 녹아 있는 수소 이온의 농도를 1부터 14까지 숫자로 표시한 것입니다. 7은 중성이며 숫자가 이보다 크면 알칼리성, 작으면 산성입니다.

효모의 활성을 위해서도, 쫀쫀한 글루텐을 만들기 위해서도 물은 약산성이 적합하다고 합니다만, 밀가루가 완충작용을 하므로 우리가 평소 마시는 수돗물(pH 5.8~8.6)로도 충분히 좋은 빵을 만들 수 있습니다.

### COFFEE TIME

#### 물의 경도

물에 용해되어 있는 칼슘과 마그네슘의 양을 일정 지수로 나타낸 것을 경도라고 하며, 1리터당 탄산칼슘의 양으로 환산해서 표기합니다. 한국의 수돗물은 평균 경도 60mg/ℓ 정도로 연수에 해당하지만 빵을 만드는 데 아무런 문제가 없습니다.

# STEP 3

## 빵 만들기 작업

맛있는 빵이 구워지기까지는 많은 공정을 거쳐야 합니다.
밀가루와 물을 섞은 덩어리가 부드럽게 부푼 빵으로 변하기 위해서는 필수적인 과정이지요.
작업 단계 하나하나에 중요한 의미가 있습니다. 그 의미를 되새기면서 작업해보세요.
빵을 한번 만들어보면 빵집의 고마움을 느끼게 될 것입니다.
이런 귀찮은 작업을 하면서 그렇게 싼 가격으로 빵을 파는 베이커들이 위대해보일 거예요.

# 제빵 도구

빵을 만드는 데는 생각보다 준비가 중요합니다. 앞 장에서 살펴본 재료와 함께 작업 도구도 사전에 준비해둡시다.

**전자저울**

**비닐봉지**
(계량, 반죽용: 너비 20cm 전후
두께 0,03mm 이상)

**물을 담은 비닐봉지와 클립**
(작업대 온도 조절용: 너비 30cm 전후)

**작업대와 미끄럼 방지 패드**
(가능하다면 석제. 사진은 30cm 정사각
형을 2개 이어붙인 것)

**플라스틱 스크레이퍼**

**금속제 스크레이퍼**

**밀대**

**온도계**

**스티로폼 상자**(뚜껑 포함)

**발포지**(발효상자나 벤치 박스에 깔 것)

**발효용 볼**

**발효기**

**자**

**피자 커터**

**페티 나이프**

**붓**(밀가루 털기용, 달걀물용)

식빵틀

파운드틀

꽃 모양 틀

둥근 젓가락(프랑스빵 성형용)

프랑스빵용 천(캔퍼스천 혹은 행주)

프랑스빵 이동용 판

프랑스빵 삽입용 판(골판지, 나무판 혹은 PVC판)

파도칼(팽 드 캄파뉴 쿠프용)

쿠프 나이프(양날 면도칼과 젓가락)

앙금 주걱(일반적으로 스테인리스제가 많다)

고무 주걱

분무기

베이킹 시트 혹은 유산지

랩

종이 호일

덧가루(볼에 담아두기)

버터 혹은 오일(틀에 바를 것)

오븐 팬, 스팀용 팬(프랑스빵을 만들 때는 뒤집어서 사용)

오븐장갑

"다 갖추어져 있어야만 빵을 만들 수 있는 것은 아니지만, 사용할 때 갑자기 준비하려고 하면 맛있는 빵을 만들 수 없어요."

# 반죽하기(믹싱)

## 1. 재료 선택과 전처리

반죽을 하기 전에 배합을 정하고, 같은 재료라도 어느 회사, 어느 등급을 선택할지 결정하는 과정도 맛있는 빵을 만들기 위한 중요한 기술이자 지식입니다.

또한 재료마다 전처리도 고민해보아야 합니다. 특수한 전처리가 필요한 재료는 레시피에서 설명하겠지만, 기본 원리는 밀가루와 섞는 재료의 흡수율을 밀가루 흡수율의 60%와 비슷한 수준(반죽의 되기를 종종 아기 엉덩이나 귓불에 비유해서 표현하는데, 박력분으로 60%, 강력분으로 70%의 흡수율이면 그 정도의 되기가 나옵니다. 구체적으로 말하자면 박력분 100g이 흡수하는 물의 양이 60g, 강력분 100g은 70g이라는 의미입니다)으로 만들어놓은 다음 넣는 것입니다.

극단적으로 흡수율이 다른 재료, 예를 들어 감자 플레이크 같은 것은 미리 물에 담가두었다가 넣습니다. 반죽에 넣는 건포도(수분 14.5%) 등도, 반죽 수분 비율의 약 40%에 가깝게 맞춘 뒤에 넣습니다(건포도의 전처리에 대해서는 STEP 4 건포도빵 레시피에서 설명합니다).

## 2. 계량에 관해

배합표에 따라 재료를 계량하세요. 적게 들어가는 재료일수록 정확하게 계량하는 것이 포인트입니다. 많이 들어가는 밀가루나 물은 넣는 양이 조금 달라지더라도 빵의 완성도에 크게 영향을 주지 않지만, 적게 들어가는 소금이나 인스턴트 드라이 이스트를 대충 계량해서 넣으면 빵의 발효는 물론 맛과 모양에도 큰 영향을 끼칩니다.

구체적으로 설명하자면, 베이커스 퍼센트 숫자는 소수점 첫째 자리까지 유효 숫자로 간주합니다. 이 숫자로 실제 넣는 양을 계산하면 소수점 둘째 자리까지 나오는 경우도 있는데, 반올림해 첫째 자리까지만 고려하면 됩니다. 많이 넣는 재료는 한 번 더 반올림해 소수점을 없애도 괜찮습니다.

## 3. 가루류 혼합하기

이제 반죽에 들어갑니다. 반죽에서는 재료를 균일하게 혼합하는 것이 가장 중요한데, 그러려면 물을 넣기 전에 가루로 된 재료들

끼리 서로 잘 섞어두어야 합니다. 볼에 담아 다섯 손가락을 모두 써서 섞거나, 비닐봉지에 담아 잘 흔들어 섞습니다.

● 볼에서 섞기

● 비닐봉지로 섞기

## 4. 물 넣기

가수량(넣는 물의 양)이 확실할 때는 되도록 물을 단번에 넣고, 공기를 같이 넣어서 비닐봉지 안쪽을 두들긴다는 느낌으로 세차게 흔듭니다. 어느 정도 뭉쳐지면 비닐봉지째 주물러서 반죽이 연결되게 합니다. 반죽이 제대로 뭉쳐지면 봉지에서 꺼내기 쉽습니다.

## 5. 반죽 연결시키기

비닐봉지 안에서 어느 정도 덩어리가 지면 반죽을 꺼내 작업대 위에서 50번 정도 치댑니다. 이 과정을 통해 반죽이 약하게 연결되기 시작합니다. 이후 20분에서 60분까지 반죽을 휴지시키는데, 이것을 오토리즈(autolyse: 자기소화, 자기분해)라고 합니다.

반죽하는 목적은 글루텐을 결합시키고 얇은 막 모양으로 늘이는 것입니다. 반죽을 한다고 하면 열심히 힘을 주어 치대는 모습만을 떠올리기 쉽지만, 반죽을 적당히 쉬게 하는 것도 반죽을 하는 하나의 방법이자 반죽을 연결하는 방법입니다. 이것이 '오토리즈'입니다(88쪽 사진 참고).

이때 가능한 글루텐이 형성되기 쉬운 환경을 만들어야 합니다. 즉, 글루텐이 만들어지는 데 필요한 밀가루, 물, 몰트 등이 갖추어져 있어야 합니다. 한편 글루텐 결합을 방해하는 유지나, 글루텐을 수축시키고 수렴 작용을 일으키는 소금(소금은 글루텐 조직을 강화하며 오븐 팽창을 돕지만, 글루텐이 결합되는 속도를 늦추기도 합니다. 그러므로 이 책에서는 글루텐이 확실히 결합된 다음 소금을 첨가하는 '후염법'을 채용했습니다)은 아직 넣지 않습니다.

## 6. 인스턴트 드라이 이스트를 넣는 타이밍

원래 빵 효모는 오토리즈 후에 넣지만, 이 책에서는 오토리즈 전에 넣어 반죽 속에 불균일하게나마 분산시켜 두는 방법을 소개했습니다. 왜냐하면 인스턴트 드라이 이스트를 사용했기 때문입니다.

보존성을 높이기 위해 수분을 대폭 줄인 인스턴트 드라이 이스트는 생 이스트의 수분 함유량 68.1%보다 훨씬 낮은 5~8.7%(메이커 별로 차이가 있으며, 책에서 사용한 르사프사의 이스트는 5%)의 수분을 함유하고 있습니다. 이 인스턴트 드라이 이스트를 다시 활성화시키려면 상당량의 수분을 공급해주어야 합니다. 활성화하는 데 걸리는 시간은 15~20분입니다. 그렇기 때문에 일부러 오토리즈 전에 넣고 나중에 이스트가 균일하게 퍼지도록 반죽하는 방법을 사용한 것입니다.

---

### 반죽이 연결되어 가는 모습

출처: Maeda, T., Cereal Chemistry, 90(3), 175-180, 2013(※표시 제외)

● 형광현미경 사진

※

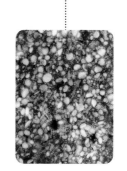

- 빨간색: 글루텐
- 검은색: 공간
- 흰색 또는 파란색: 전분 입자

반죽을 하면서 서서히 반죽이 완성되어 가는 과정(왼쪽에서 오른쪽). 〈가이드 포인트 3〉(12쪽)에서 설명한 글루텐의 형성도를 숫자로 따지자면 왼쪽부터 10, 40, 80, 100에 해당합니다. 아래 사진은 형광현미경으로 본 글루텐의 형성 모습.

## 7. 오토리즈의 효과는 20~60분

오토리즈는 20분을 기본으로 60분까지가 적당합니다. 길어진다고 무조건 효과가 좋아지지는 않습니다. 오토리즈가 끝나면 마음을 다잡고 반죽하기에 들어갑니다. 반죽 배합, 빵 종류에 따라 차이는 있지만 글루텐을 제대로 형성하고 싶다면 100~200번 정도 반죽해야 합니다. 이 과정에서 글루텐의 결합은 80% 정도 진행됩니다.

덧붙여서 오토리즈 전에 인스턴트 드라이 이스트를 넣은 반죽은 딱 20분 만에 오토리즈를 끝내야 합니다.

● 오토리즈 전

● 오토리즈 후

## 8. 반죽을 하는 3요소를 내 식으로 소화하기

반죽을 하는 3요소(기본동작)는 두드리기, 늘이기, 접기입니다. 보통의 반죽법에서는 볼 안에서 어느 정도 반죽을 뭉친 뒤 볼에서 꺼내 반죽을 테이블에 내리칩니다. 이때 반죽이 손에서 떨어지지는 않게 합니다. '손에 잡은 채로 바닥을 때린다'고 표현하는 편이 맞을지도 모르겠네요. 두드리기로 반죽에 강한 충격을 주는 것과 동시에 반죽을 밀어 늘입니다. 그런 다음 길게 늘인(넓게 펼친) 반죽을 모아 뭉치는데 이를 접는다고 표현합니다.

셋 모두 반죽을 하는 기본동작이지만, 세 동작을 꼭 골고루 해

● 두드리기와 접기

● 늘이기와 접기

야만 하는 것은 아닙니다. 한 가지 동작만 가지고도 반죽한다고 할 수 있습니다. 반죽은 발효하는 동안 '연결된다'고 표현하는데, 발효란 바꾸어 말하자면 '반죽을 늘이는' 과정입니다. 책에서는 소음과 체력을 고려해서 늘이고 접기 중심으로 반죽했지만, 부부싸움을 했을 때, 상사 때문에 화가 날 때 등 감정을 해소하고 싶을 때는 '두드리기' 중심으로 반죽을 해보세요. 감정을 대변하는 기운 찬 빵이 만들어질 것입니다.

## 9. 소금, 유지는 나중에 넣는다

글루텐이 80% 정도 형성되면 소금, 버터를 넣어 반죽을 계속합니다(글루텐이 80% 형성된 빵을 구우면 충분히 부풀어오릅니다. 즉, 소금과 유지는 반죽이 거의 완성된 뒤에 넣는 셈입니다).

반죽 온도에 주의하면서 글루텐이 얇고 균일하게 늘어날 때까지 반죽합니다. 반죽하기를 멈출 타이밍은 글루텐을 체크해 확인할 수 있지만, 처음에는 반죽이 찢어지지 않게 얇은 막으로 만들기 어려울 것입니다. 하지만 요령만 익히면 의외로 간단한 작업이니 포기하지 말고 계속 도전해보세요.

앞에서도 이야기했지만 버터를 반죽하는 후반에 넣는 이유는

### COFFEE TIME

#### 이 책의 반죽하는 법은

① 폴리빵 스마일 협회가 세상에서 가장 간단한 제빵법으로 보급하고 있는, 비닐봉지를 이용해 밀가루와 물을 섞는 방법입니다. 이 방법을 쓰면 부엌을 더럽히지 않고, 밀가루와 물을 빠르고 간단하면서도 균일하게 섞을 수 있습니다.

② 소금, 유지를 제외한 원재료로 반죽을 만든 뒤에는 오토리즈를 20분간 진행합니다. 밀가루에 물을 부어두면 글루텐은 자연히 결합하기 시작합니다. 주무르는 것만 반죽을 연결시키는 방법은 아니랍니다.

③ 그 후 반죽을 손으로 반죽합니다. 반죽을 하는 3요소는 '두드리기, 늘이기, 접기'입니다. 두드리는 과정을 중심으로 하면 소음이 너무 커서 공동주택에서는 항의가 들어올 수도 있습니다. 그러므로 이번에는 두드리기는 줄이고, 늘이고 접는 동작을 중심으로 반죽을 합니다.

버터가 글루텐의 결합을 방해하기 때문입니다. 소금도 글루텐을 수축시켜 결합하기 어렵게 만들기 때문에 책에서는 후염법을 사용해서 글루텐을 더 쉽게 형성하고자 했습니다.

## 10. 글루텐 체크 기술을 연습하자

글루텐 체크 기술은 조급해하지 말고 천천히 시간을 들여 연습하세요. 좌우 손가락을 문지르듯이 앞뒤로 교대로 움직이며 조금씩, 천천히 잡아당깁니다. 연습과 함께 유튜브나 인스타그램 등에서 전문가의 영상을 찾아보는 것도 도움이 됩니다.

또한 늘여놓은 막을 보고 글루텐의 상태를 알아내는 능력도 필요합니다. 오른쪽 사진은 반죽 횟수에 따른 테이블 롤 반죽의 글루텐 형성 상태입니다. 손반죽은 아무리 세게 해도 기계 믹서만큼 힘을 줄 수는 없으니 지나치게 반죽할 걱정은 할 필요 없습니다. 힘껏 반죽하세요.

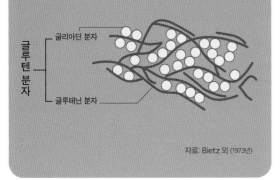

### COFFEE TIME

#### 글루텐이란

밀가루에 글루텐이 존재한다고 착각하기 쉽지만, 밀가루에 들어 있는 것은 글루텐이 아니라 글리아딘과 글루테닌이라는 단백질입니다. 글루텐은 글리아딘과 글루테닌에 물을 더해서 가볍게 반죽할 때 비로소 형성됩니다. 글루텐은 처음에는 느슨하게 결합된 덩어리지만, 반죽을 할수록 단단하게 결합하면서 얇은 막으로 바뀝니다. 이 막이 빵 효모가 생산하는 탄산가스를 가둔 채로 풍선처럼 부풀어올라 빵의 기포를 형성합니다.

● 글루텐 분자

글루텐 분자 ┬ 글리아딘 분자
           └ 글루테닌 분자

자료: Bietz 외 (1973년)

## 11. 반죽은 언제나 마르지 않게 한다

완성된 반죽은 둥글려서 발효를 하는데, 이때 반죽을 마르지 않게 하는 것이 중요합니다. 제빵 과정에는 오토리즈, 1차 발효, 벤치 타임, 최종 발효 등 반죽을 장시간 방치하는 공정이 여러 번 있습니다. 볼에 랩을 씌우는 것은 기본이며, 볼 안쪽에 버터를 바르고 둥글린 반죽의 표면을 그 위로 꾹 누른 후 뒤집어서 반죽 표면에 버터 피막을 만들어도 효과적으로 건조를 방지할 수 있습니다 (90쪽 사진 참고).

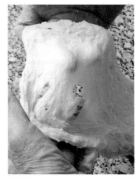
오토리즈 전

오토리즈 후

오토리즈 후 50회

100회 추가 (오토리즈 후 150회)

150회 추가
(오토리즈 후 300회)

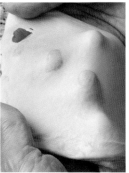
소금, 버터 첨가 후
150회 추가 (반죽 완성)

● 볼에 랩

오토리즈나 발효를 할 때는 반드시 랩을 씌운다.

● 발효기

일정 온도와 습도를 유지할 수 있는 가정용 발효기. 27도로 설정하면 오토리즈부터 발효, 벤치 타임, 최종 발효까지 전부 사용할 수 있다. 습도가 안정되어 있다면 랩을 씌우지 않아도 괜찮다.

● 스티로폼 상자

뚜껑이 있는 것이 좋다. 없다면 랩을 씌운다. 실내 어디에나 자유롭게 둘 수 있다. 안에 받침대를 넣고 망을 올린 뒤 뜨거운 물을 부어놓으면 1시간 정도 온도와 습도를 유지할 수 있다.

## 버터를 사용한 건조 방지법

● 볼에 버터를 바른다

● 반죽을 안쪽 면에 꾹 누른다

● 반죽을 뒤집는다

● 버터가 묻은 면이 위로 오게 한다

## 12. 글루텐은 형상기억합금과 비슷하다

발효 단계에서 잡힌 반죽의 볼륨이나 모양은 오븐에 넣었을 때 재현됩니다. 글루텐의 성질은 형상기억합금과 비슷해서, 한 번 크게 늘어난 적이 있다면 오븐 안에서도 다시 그만큼 커집니다. 한 번 공기를 넣었던 풍선은 아이들도 간단히 불 수 있는 것과 같은 원리입니다.

그러므로 다음과 같이 말할 수 있습니다. 발효하는 볼은 최대한 구워낼 빵의 모양이나 크기에 가까운 것을 사용하는 것이 좋다고요.

대형 빵집의 식빵은 4시간 중종법이라고 해서 4시간 동안 중종 발효를 하는 제법을 쓰는데, 이때 발효에 사용하는 박스(혹은 볼)는 식빵을 굽는 틀을 몇 배로 키워놓은 모양입니다. 높이가 있는 빵을 굽고 싶을 때는 바닥이 좁고 위아래로 긴 발효 박스, 납작한 빵을 굽고 싶을 때는 넓적한 발효 박스를 사용하면 글루텐이 그 형상을 기억해 오븐 안에서도 같은 방향으로 부풀어준답니다.

## 13. 빵의 종류에 따라 반죽 강도가 다르다

반죽을 강하게 해 글루텐을 강하게 결합시키고 볼륨을 키우는 빵도 있지만, 루스틱 빵이나 크루아상처럼 반죽을 덜 해 진한 맛과 사르르 녹는 식감을 목표로 삼는 빵도 있습니다.

어떤 빵을 어떤 맛으로, 어떤 식감으로 만들고 싶은지 생각하고 얼마나 반죽할지를 결정하세요. 물론 이제 막 빵을 만들기 시작한 단계에서는 거기까지 생각할 필요는 없습니다. 일단은 힘닿는 만큼 반죽합시다.

## 14. 물의 양 정하기

밀가루에 물을 많이 넣으면 더 맛있어진다고 이미 말씀드렸습니다. 그러나 수분이 많은 반죽은 끈적거려서 다루기 힘들지요. 그러니 숙련되기 전까지는 조금 되다 싶게 반죽하기를 권합니다. 다만 무른 반죽으로 구운 빵이 더 부드럽고, 맛있고, 노화가 느리다는 점은 기억해두세요.

## 15. 물 온도 조절

물의 온도를 계산하는 공식이 있지만, 빵을 만들기 시작한 단계에서는 공식까지 알 필요는 없습니다. 하지만 가능하다면 빵을 만들 때의 실내 온도와 사용한 물의 온도, 그리고 완성된 반죽의 온도는 기록해두세요. 다음번에 반죽할 때 귀중한 자료가 될 것입니다.

굳이 원칙을 설명하자면, 반죽 온도를 1도 높이고 싶을 때는 수온을 3도 높이고, 1도 내리고 싶을 때는 수온을 3도 내리면 됩니다. 그러나 집에서 빵을 만들 때처럼 소량만 반죽할 때는 기온의 영향을 많이 받기 때문에 반드시 이 원칙이 들어맞지는 않습니다.

## 16. 반죽하는 도중의 온도 관리

반죽을 만들 때는 온도가 중요합니다. 그러나 추운 겨울, 더운 여름에는 기온 때문에 반죽 온도가 목표 온도에서 크게 벗어나는 경우가 많습니다. 그럴 때는 큰 비닐봉지에 온수 혹은 냉수를 1리터 정도 넣은 뒤 공기를 빼고 묶어서 작업대를 데우거나 식히면서 온도를 조절합니다. 에어컨이나 히터를 쓰는 것보다 반죽 온도를 조절하는 데 효과적이랍니다.

그래도 반죽 온도가 목표치에서 어긋났다면 1도당 전체 발효 시간(1차 발효+벤치 타임+최종 발효)을 20분씩 늘리거나 줄여서 조절할 수 있습니다.

## 17. 발효 시간도 반죽하기의 일부

홈베이킹의 선구자인 미야카와 토시코 선생님은 반죽을 비닐봉지에 담아 다음 날 아침까지 냉장고에서 숙성시킨 후 아침식사 전에 분할, 성형, 최종 발효를 하고 빵을 구울 것을 권했습니다. 요즘이야 반죽의 냉장 발효가 보편적이지만 50년 전에 이미 실천했다는 점은 놀랍습니다.

이처럼 저온에서 장시간 숙성한 반죽을 분할·성형하면, 반죽이 잘 연결되어 있기에 볼륨이 크고 맛있는 빵을 만들 수 있답니다.

# 발효(1차 발효)

## 1. 빵의 정의

'밀가루 등의 곡물에 빵 효모, 소금, 물을 첨가해 반죽하고 발효를 한 뒤 구워낸 것을 빵이라 한다.' 이것이 빵의 정의입니다. 즉, 발효를 하지 않는 퀵 브레드 등은 엄밀히 말하자면 빵이 아닙니다. 발효 과정에서 효모나 유산균이 활동해 반죽 속에 바람직한 유기산, 아미노산, 알코올 등이 충만해지면 맛있는 빵이 만들어지는 것입니다.

## 2. 빵의 맛은 발효에서

세상에는 많은 종류의 발효식품이 있습니다. 된장, 간장, 술, 요구르트 등 유산균 음료, 그리고 빵. 이런 식품들의 맛은 효모균이나 유산균 등이 활동해서 만들어지는 것입니다. 빵에 발효식품을 첨가해서 더 맛있는 빵을 만들 수도 있답니다.

## 3. 빵 효모의 가스 생성력과 빵 반죽의 가스 유지력

빵 효모는 반죽 속 당을 분해해서 탄산가스를 발생시킵니다. 이 탄산가스가 날아가지 않도록 가두어두는 막이 필요한데, 이것이 바로 글루텐입니다. 빵의 볼륨을 키우는 요소 2가지는 빵 효모가 당을 분해해서 생산하는 탄산가스의 양과 반죽 속에 얇으면서도 견고하게 퍼진 글루텐의 가스 유지력입니다.

## 4. 펀칭이란

펀치 또는 펀칭은 '가스 빼기'라고도 하며, 직접반죽법(스트레이트법)의 1차 발효 도중에 반죽의 가스를 빼고 접어 다시 둥글리는 작업을 말합니다. 펀칭의 목적은 빵 효모의 발효로 인해 반죽 속에 가득 찬 탄산가스를 배출시켜 효모에 신선한 산소를 공급하고, 반죽 온도를 균일하게 맞추며, 글루텐을 얽히게 해 가공경화를 일으켜서 반죽의 탄성을 높이는(힘을 붙이는) 것입니다.

유지를 충분히 바른 볼에 반죽을 담아 발효한 뒤, 20~30cm 높이에서 볼을 뒤집어서 반죽을 떨어뜨려 골고루 충격을 주고 여분의 가스를 뺍니다. 발효 후 반죽 속 기포는 크기가 제각각인데, 펀칭을 하면 압력이 낮고 충격에 약한 큰 기포는 터져서 분리되

● 손가락 구멍 테스트

반죽 표면에 덧가루를 조금 뿌린다.

밀가루를 묻힌 중지를 반죽 가운데에 깊이 찔러넣는다.

손가락을 빼도 자국이 그대로 남아 있다면 펀칭 타이밍이다. 돌아온다면 조금 더 기다린다.

며 내압이 높은 작은 기포는 그대로 남아 있기 때문에 반죽 속 기포의 크기가 좀 더 균일해집니다.

펀칭 타이밍은 원칙적으로 1차 발효 시간의 ⅔ 시점입니다. 이보다 앞당기면 펀칭의 효과가 약해지고, 늦어지면 효과가 커져 반죽의 탄성이 강해집니다. 그러므로 깜빡 잊고 실제 타이밍보다 늦게 펀칭하게 되었다면 정확한 타이밍에 할 때보다 힘을 줄여야 합니다.

펀칭 타이밍은 손가락 구멍 테스트로 확인할 수 있습니다.

## 5. 발효하는 장소

볼에 담은 반죽은 랩을 씌워서 스티로폼 상자 안에 따뜻한 물을 넣고 그 위에 띄우거나 방에서 가장 따뜻한 곳에 놓아두세요. 공기는 따뜻할수록 가벼워진다는 원리를 알아두면 좋습니다. 즉, 같은 방 안에서는 천장 부근이 따뜻하고, 바닥 쪽은 시원합니다.

만약 발효할 공간의 온도가 목표치 27도보다 높으면 발효가 빨라지므로 발효 시간을 줄여야 합니다. 반대로 온도가 낮으면 발효 시간을 늘립니다. 기온이 높은 한여름에는 빵 효모의 양을 줄

이고, 기온이 낮은 겨울에는 효모의 양을 늘리는 방법도 있지만 이 방법은 좀 더 숙달된 뒤에 공부하기를 권합니다.

몇 번이나 언급하지만 가장 중요한 점은 반죽 표면이 마르지 않게 하는 것입니다. 표면이 말라버리면 반죽이 제대로 부풀지 않으며 외부의 열을 흡수하기 힘들어져 오븐에 넣어도 잘 구워지지 않습니다.

# 분할 · 둥글리기

## 1. 반죽을 다치지 않게 할 것

발효한 반죽의 글루텐 막은 다치기 쉽습니다. 글루텐 막은 얇은데 안쪽에 탄산가스가 들어 있기 때문입니다. 분할한 반죽의 절단면은 끈적거리며 더 다치기 쉬운 양상을 보입니다. 딱 한 번의 분할로 필요한 중량을 맞추는 것이 이상적이지만, 쉽지는 않습니다. 그래도 가능한 한 적은 횟수로 분할하도록 합니다.

## 2. 반죽의 중량은 빵틀의 용적을 재서 결정한다

식빵틀을 실측하는 방법은 다양하지만, 여기서는 가장 간단한 방법, 즉 틀에 물을 채워서 물의 무게를 재는 방법을 쓰겠습니다. 물의 무게가 곧 틀의 용적입니다.

식빵틀은 물이 샐 수도 있습니다. 그러므로 물을 붓기 전에 식빵틀 안쪽에 랩을 둘러 물이 새지 않도록 준비합니다. 디지털 저울 위에 트레이를 올려놓고(물이 샐 때를 대비해서), 랩을 두른 식빵틀을 올립니다. 저울을 0으로 맞추고 천천히 물을 붓습니다. 표면장력으로 틀 꼭대기에서 물이 약간 솟아오를 때까지 가득 부은 뒤 무게를 기록합니다.

틀을 여러 종류 가지고 있다면 이 기회에 틀의 용적을 모두 재어두세요.

틀의 용적 대비 반죽을 얼마나 넣을지를 표현하는 수치가 '비용적'입니다. 시판 사각(풀먼) 식빵의 평균치는 4.0 정도지만, 가정에서 그 정도로 가벼운 빵을 굽기는 힘들기에 책에서는 3.8로 설정했습니다.

보통 식빵틀의 용적은 1700ml이므로, 뚜껑을 덮어 풀먼 식빵을 구울 때는 3.8로 나눈 447.4, 즉 약 450g으로 보고 225g 반죽을 2개 넣습니다. 산봉우리형(오픈 톱. 영국식) 식빵을 구울 때는 반죽의 중량을 좀 더 늘립니다.

## 3. 둥글리기의 강도는 그때그때 다르다

둥글리기란 분할 뒤 벤치 타임에서 발생하는 가스가 날아가지 않도록, 혹은 다음 공정인 성형을 하기 쉽도록 반죽을 둥글게 만드는 것입니다.

'둥글리기'라고 뭉뚱그려 부르지만 힘을 얼마큼 줄지, 어떤 모양으로 둥글릴지는 빵마다 다른데, 분할 후의 둥글리기는 되도록 가볍고 간단하게 합니다. 즉, 너무 만지지 않아야 합니다.

식빵은 20분 이내, 단과자빵은 15분 이내에 심이 사라지고 다음 과정을 진행할 수 있도록 둥글리기의 힘을 조절하세요.

## 4. 성형할 모양을 상상하며

프랑스빵을 분할, 둥글릴 때는 성형 공정에서 만들 모양을 생각해야 합니다. 불르나 바타르를 만들 때는 동그랗게 둥글리면 되지만, 바게트를 만들려 한다면 이 단계에서 긴 직사각형 형태로 늘여둡니다.

한편 식빵의 둥글리기는 둥근 모양보다 베개 형태로 만드는 편이 속살이 매끈해집니다. 왜일까요? 한번 생각해보세요.

정답을 공개합니다.

벤치 타임 이후, 밀대로 가스를 빼고 넓게 늘일 때 반죽이 베개 형태이라면 타원형으로 넓어집니다. 이 반죽을 세로로 길게 놓고 몸 쪽에서부터 김밥을 말듯이 돌돌 말면 마는 횟수가 늘어나기에 속살이 촘촘하고 매끈해지는 것입니다.

# 벤치 타임

## 1. 15~30분이 보통

벤치 타임은 구조를 완화시키기 위한 단계로서, 둥글리기로 가공 경화를 일으켜 단단해진 반죽을 휴지시켜서 다음 단계인 성형(가공경화)이 쉬워지도록 하는 공정입니다. 일반적으로 15~30분 정도 잡습니다.

빵마다 벤치 타임의 영향력은 조금씩 다르지만 생각 외로 빵의 품질에 큰 영향을 주는 단계인 것은 분명합니다. 나중에 하는 발효일수록 빵의 모양과 색에 크게 영향을 미칩니다.

## 2. 반죽에 심이 남아 있으면 안 된다

벤치 타임이 지나고 반죽을 만져보아 심이 남아 있는 것 같다면 아직 다음 공정으로 가면 안 됩니다. 분할 시 힘을 주어 매끈하게 둥글린 반죽은 시간이 지나도 심이 남아 있을 가능성이 높습니다. 그럴 때 억지로 성형하면 반죽 표면이 갈라지고 끈적거리는 등 문제가 생기기 쉽습니다. 그러므로 분할 후 둥글릴 때는 너무 힘을 주지 않는 편이 좋습니다.

한편 이와는 정반대로 분할과 둥글리기를 거쳐도 제대로 모양을 유지하지 못하고 주저앉는 반죽도 있습니다. 그럴 때는 다시 힘을 주어 둥글려서 한 번 더 벤치 타임을 가지면 퍼지지 않은 빵을 구울 수 있습니다.

## 3. 벤치 타임 때도 반죽은 마르지 않게

어느 과정에서든지 표면 건조는 반죽의 가장 큰 적입니다. 발효 시간 중에는 늘 건조해질 위험이 있습니다. 귀찮더라도 반죽이 들어 있는 용기에 뚜껑을 덮거나 랩을 씌우거나 반죽을 비닐봉지에 넣는 등 조치를 해주세요.

# 성형

## 1. 최대한 심플하게 성형하기

복잡하고 특별한 모양의 빵을 만들고 싶은 욕심은 누구에게나 있겠지요. 하지만 모양이 복잡하면 그만큼 반죽을 많이 건드려야 하며, 이는 열심히 반죽 속에 축적한 알코올이나 유기산, 방향물질 등을 전부 반죽 밖으로 날려버리는 결과를 낳습니다. 이제까지 만들어놓은 모든 발효물질을 반죽 속에 유지한 채로 굽는 심플한 모양의 빵이 더 맛있답니다.

## 2. 덧가루는 쓰지 않는 편이 좋을까?

덧가루를 되도록 덜 써야 맛있는 빵이 된다고들 합니다. 하지만 정말일까요? 덧가루를 쓰지 않으려고 반죽을 단단하게 만드는 경우를 자주 보는데, 그것은 본말전도입니다. 덧가루는 필수불가결한 것입니다. 반죽은 무르게 만들고, 덧가루는 적당량 사용하도록 합시다.

### COFFEE TIME

#### 덧가루도 나라마다 다릅니다

덧가루는 부엌을 어지럽힙니다. 안 그래도 빵을 만들다보면 밀가루가 이리저리 날리는데 말이지요. 스페인의 빵집에서는 덧가루를 쓰지 않고, 올리브 오일을 덧가루 대신 사용한답니다. 부엌을 깨끗하게 유지하고 싶으면 소량의 올리브 오일을 써서 작업을 해보면 어떨까요?

# 최종 발효

## 1. 숫자에 집착하지 말 것

레시피에는 최종 발효 온도와 습도가 32도 80%, 27도 75% 등으로 표기되어 있습니다. 최종 발효는 성형으로 단단해진 반죽을 부드럽게 만들고, 가스를 내부에 충분히 축적시켜서 오븐 팽창을 촉진하며, 부드럽고 열이 잘 통하는 빵을 만들기 위한 최종 공정입니다.

그러니 레시피에 적혀 있는 숫자를 엄격하게 지킬 필요는 없습니다. 레시피 상의 온도와 습도는 넘지 않게 하고, 효모가 활성화되기 시작하는 온도인 15도 아래로 온도가 내려가지 않게 하면 충분합니다. 최종 발효를 통해 원하는 빵 부피의 80%로 반죽이 부풀면 됩니다.

## 2. 버터가 많은 반죽은 버터의 녹는점 이하로

브리오슈, 크루아상, 데니시 페이스트리 등 버터가 많이 배합된 반죽은 버터의 녹는점인 32도보다 5도 낮은 온도로 최종 발효하는 것이 원칙입니다.

유지 첨가량이 많은 반죽은 사용한 유지의 녹는점 마이너스 5도가 최종 발효 온도 상한이라는 점을 꼭 기억해두세요.

## 3. 최종 발효 시간

식빵처럼 틀에 넣어서 굽는 경우, 최종 발효할 때 온도와 습도 조건만 같다면 발효 시간과 오븐 팽창 정도가 반비례합니다. 최종 발효 시간이 다 지나도 제대로 부풀지 않아 발효 시간을 연장할 정도라면 오븐에 넣어도 부풀지 않습니다. 그만큼 최종 발효 시 크기와 빵의 크기는 밀접한 연관성을 보입니다. 반대로 최종 발효 시간보다 짧은 시간 안에 볼륨이 커져버린 반죽은 오븐 내에서도 계속 커지기 때문에 빨리 굽지 않으면 빵이 너무 부풀어 버립니다.

그러나 원래 최종 발효는 천천히 해야 맛이 좋아지며, 빵이 잘 부풀고 가볍게 구워집니다. 반죽 표면이 마르지 않게 주의만 한다면 어느 정도 온도가 낮은 환경(최저 15도)에서도 시간이 걸릴 뿐 최종 발효는 할 수 있습니다. 즉, 나중에 구울 두 번째 팬은 낮은 온도에서 천천히 기다려도 괜찮다는 뜻입니다.

예를 들어볼까요. 보통 최종 발효에서는 팬이 들어가는 뚜껑 있는 커다란 스티로폼 상자에 따뜻한 물을 넣고 받침대를 넣은 뒤 팬을 올려놓아서 반죽이 2~2.5배 크기가 될 때까지 발효를 하는데, 그보다 시원한 실온에서 반죽에 닿지 않게 랩을 씌워서 방치해도 15도 이상만 된다면 오븐에 넣을 수 있는 상태가 됩니다. 단, 온도가 15도까지 떨어지면 6시간에서 12시간까지 걸릴 수 있으므로 온도를 잘 조절해야 합니다.

계속 반복하지만 반죽이 마르지 않게 조심하세요. 표면이 마르면 반죽의 볼륨이 커지지 않고, 색도 잘 입혀지지 않아 희멀건 빵이 됩니다.

# 굽기

## 1. 고온으로 단시간에 굽는 것이 원칙

최고 온도에 제한은 있지만 빵은 가능한 한 고온에서 단시간에 구워냅니다. 그래야 크러스트(빵껍질)가 얇고 윤기가 나며 크럼(속살)은 쫄깃쫄깃한, 많은 분들이 좋아할 만한 빵이 됩니다.

가정용 오븐으로는 힘든 경우가 많지만, 전문가는 단과자빵을 보통 6분 만에 구워냅니다.

## 2. 예열 온도는 약간 높게 설정한다

가정용 오븐의 경우, 문을 열어 반죽을 넣을 때 아무리 조심해도 내부 온도가 급격히 떨어집니다. 그러므로 예열을 시작할 때는 실제 굽기 온도보다 10~20도(각자 구워보면서 최적 온도를 확인합시다) 높게 설정해주세요. 반죽을 넣고 문을 닫은 뒤 실제 온도로 바꿉니다.

## 3. 빵의 윤기는 달걀물에서? 스팀에서?

단과자빵, 테이블 롤, 브리오슈 등 설탕이 많이 들어가는 빵은 굽기 전에 달걀물을 바릅니다. 반면 설탕이 들어가지 않는 프랑스빵이나 독일빵, 약간만 들어가는 소프트 프랑스빵 등은 오븐에 넣을 때 스팀을 발생시킵니다. 저는 뚜껑을 덮은 식빵 반죽을 구울 때도 스팀을 발생시키곤 합니다. 스팀은 식빵틀의 틈새로도 들어가거든요. 이렇듯 빵을 구울 때는 달걀물을 바르거나 스팀을 넣거나, 둘 중 하나는 반드시 한다고 생각하시면 됩니다. 빵 퀄리티가 몰라볼 정도로 좋아진답니다.

굳이 원리를 설명하자면 가정용 오븐은 아무래도 업소용보다 밀폐성과 축열성이 떨어지는데, 스팀은 뛰어난 축열재이기 때문입니다. 꼭 스팀을 이용해보세요.

앞에서도 설명했지만, 스팀을 넣으려면 오븐 바닥에 스팀용 팬을 미리 넣어두고 반죽을 넣기 직전이나 직후에 50~200ml 정도 물을 부어서 급격히 수증기를 발생시킵니다. 스팀용 팬의 앞쪽을 약간 들어올리거나 팬에 작은 돌 혹은 파이 스톤(타르트 스톤) 등을 올려두면 물이 증발하는 면적이 커져서 더 효과적입니다.

## 4. 두 종류의 스팀

이 책에서는 대부분의 빵을 구울 때 스팀을 이용했는데, 똑같이 스팀을 발생시키더라도 용도에 따라 양을 조절합니다.

저온의 스팀이 많이, 비교적 오래 필요할 때는 오븐 바닥에 넣어둔 팬에 물을 많이(200ml) 붓습니다. 고온의 스팀이 단시간 필요할 때는 물을 소량(50ml) 붓습니다.

두 방법은 사용 목적이 다릅니다. 저온 스팀은 오븐이 적당한 습도를 유지하도록 도와주며, 테이블 롤, 단과자빵, 식빵 등에 사용합니다.

반면 고온 스팀은 오븐에 들어간 차가운 반죽 표면에 물방울을 맺히게 해 급격히 호화시킵니다. 그래서 윤기 있고 바삭바삭한 크러스트를 만들기 위해 사용합니다. 프랑스빵, 팽 드 캄파뉴 등이 여기에 해당합니다.

## 5. 색을 고르게 입히기

가정용 오븐은 가스 오븐이든 전기 오븐이든 전후 혹은 좌우 위치에 따라서 열이 전달되는 정도가 달라 빵이 얼룩덜룩하게 구워지는 경우가 많습니다. 귀찮더라도 중간 중간 색을 확인하고 필요하다면 빵을 전후좌우로 돌려주세요.

단, 열의 전달 상황을 파악하려면 색이 나기 시작할 만큼 시간이 지나야 하고, 팬의 방향을 바꾼 후에도 색이 수정될 만큼의 시

저희 집 오븐은 좌우에 배기구, 뒷면 중앙에 흡입구가 있습니다.
여러분의 오븐도 어떻게 생겼는지 확인해보세요.

간이 필요합니다. 몇 번쯤은 감으로 타이밍을 잡으며 경험을 쌓는 수밖에 없습니다.

또한 프랑스빵 등 하스 브레드는 빵의 색만이 아니라 빵 아래를 두드려보아 마른 소리가 나는지도 확인하세요. 색은 충분히 났는데 아직 물기를 머금은 소리가 난다면 어느 정도 무게가 있으면서 잘 휘어지는 소재(복사지 등)로 반죽 표면을 덮어서 조금 더 구워주세요. 종이가 너무 가벼우면 오븐 안의 공기가 순환될 때 날아갈 가능성이 있습니다.

## 6. 반죽을 굽는 도중에는 최대한 충격을 주지 않는다

색을 조절하기 위해 굽는 도중 빵의 방향을 바꾸라는 말과 모순되는 것 같지만, 식빵 같은 대형 빵 중 굽는 시간이 긴 것들은 중간에 충격을 받으면 가운데에 고리 모양의 패인 무늬가 생깁니다. 오래 굽는 빵은 반죽 바깥쪽에서부터 전분이 점점 알파화(호화)합니다. 다 구워지기 전에 반죽을 움직이면 여기서 알파화한 전분과 아직 베타 상태인 전분 경계가 일그러지면서 둥근 고리 모양의 무늬가 생깁니다. 이를 워터링이라고도 부릅니다. 빵집에서 파는 수준의 품질을 원한다면 고리 무늬가 생기지 않도록 천천히, 조심스럽게 다룹시다.

## 7. 구워진 빵에 충격을 준다

빵에 전체적으로 먹음직스러운 색이 입혀졌다면 오븐에서 꺼내어 작업대 10~20cm 위에서 팬째로 떨어뜨려서 빵에 충격을 주세요. 그러면 빵 속 기포가 더 많이 남고, 빵이 수축하는 것을 방지하며, 좋은 식감을 유지할 수 있습니다.

오븐에서 방금 나온 빵 속살의 기포는 탄산가스 등 고온의 기체로 팽창된 것입니다. 이것을 그대로 실온에서 식히면 기체가 수축하면서 단백질이나 전분의 막도 같이 수축합니다. 그래서 바로 충격을 주어 기포막에 균열을 넣음으로써 고온의 기체와 외부의 찬 공기를 순간적으로 교체해 수축을 방지하는 것입니다.

이 방법은 1974년 주식회사 닛신 제분의 기술진이 발견해 특허를 냈으며 무료로 공개하고 있습니다.

## 8. 좋은 식감의 지표, 굽기손실

굽기손실(소감률)이란 오븐 안에서 반죽이 구워질 때 수분이 얼마나 증발했는지 나타내는 숫자입니다. 구워져 나온 빵의 무게를 원래 반죽의 무게에서 빼고, 그 수치를 원래 반죽의 무게로 나눈 뒤 100을 곱한 숫자가 감소한 수분의 양입니다.

수분이 적절히 증발하면 식감이 좋아지고 노화도 느려집니다. 가정용 오븐으로는 맞추기 어려울지도 모르지만, 이상적인 굽기손실은 프랑스빵 22%, 식빵 10%, 영국빵 13%, 독일빵 13%라고 합니다. 굽기손실에 따라 식감이 어떻게 다른지 확인해보세요. 참고로 찐빵의 굽기손실은 0%입니다.

## 9. 식히기

갓 구운 빵은 정말 맛있어 보이지요. 실제로 갓 구웠을 때 맛있는 종류도 있습니다. 하지만 모든 빵이 그렇지는 않습니다.

일반적으로 빵은 열을 한 김 식혔을 때가 가장 맛있다고 합니다. 특히 식빵처럼 잘라서 먹는 빵은 중심온도가 38도까지 내려간 후에 자르는 편이 깔끔하고 먹음직스럽게 잘린답니다.

그러나 어떤 빵이든 시간이 경과하면 수분과 향이 날아가는 법입니다. 소프트 타입의 빵은 포장지에 김이 서리지 않을 만큼만 식으면 얼른 포장해주세요.

# STEP 4

## 응용 빵 5종류

STEP 4는 STEP 1의 빵들을 베이스로 한 상급편입니다.
STEP 1에서 느낀 의문을 STEP 2와 3에서 해결했다면 STEP 4로 이동해봅시다.
이 장에서는 힘이 약하더라도 반죽 속 글루텐을 매우 얇고 부드럽게 만들 수 있도록 손반죽을 위한 밀가루 사용법,
반죽하는 중간에 원재료를 투입하는 방법 등을 소개합니다.
이 장까지 따라올 수 있다면 이후로는 혼자서 빵을 탐구해가면서
빵집에 진열된 빵 대부분을 구울 수 있게 될 것입니다. 정진해보세요.

# 옥수수빵 CORN BUNS

STEP 1의 테이블 롤 반죽에 옥수수를 같이 넣어 굽는 빵이라고 생각하시면 됩니다. 포인트는 '반죽의 수분(대개 40% 전후)과 옥수수의 수분을 최대한 맞추는 것'입니다. 통조림 옥수수는 수분이 많기 때문에 최대한 물기를 빼고 넣는다 해도 반죽이 물러지므로 반죽은 단단하게 시작합니다.

롤

반찬빵

## 【 공정 】

| 반죽 | 손반죽 (40회, IDY 첨가 후 10회, AL 20분 후 150회, 소금·버터 첨가 후 150회, 옥수수 첨가 후 100회) |
|---|---|
| 반죽 온도 | 28~29도 |
| 발효 시간(27도, 75%) | 60분, 펀칭, 30분 |
| 분할·둥글리기 | 70g × 7개 |
| 벤치 타임 | 20분 |
| 성형 | 롤 모양, 원하는 재료를 넣는다 |
| 2차 발효(32도, 80%) | 50~60분 |
| 굽기(210→200도) | 9~12분 |

IDY: 인스턴트 드라이 이스트    AL: 오토리즈

## Chef's comment

## 【 재료를 고르는 법 】

마트에 진열된 밀가루 중 제빵용 밀가루(강력분)와 면용 밀가루(중력분)를 고르세요. 브랜드나 산지는 상관없습니다. 중력분을 20% 배합하는 것은 손반죽을 조금 더 쉽게 하기 위해서입니다(상세 72쪽 참고).

고당용 인스턴트 드라이 이스트(골드)를 쓰면 좋겠지만 제빵에 익숙해지기 전에 원재료 종류를 늘리는 것은 바람직하지 않으니 일반적인 인스턴트 드라이 이스트(레드)를 씁니다.

평소 요리에 쓰는 소금을 사용합니다. 설탕과의 균형을 생각하면 조금 더 늘려도 좋지만, 옥수수의 맛과 향을 강조하기 위해서 이 정도만 넣습니다.

설탕도 평소 요리에 쓰는 것을 사용하세요. 양이 적은 편이지만 옥수수에서도 단맛이 나오므로 이 정도면 충분합니다.

버터도 부엌에 있는 것을 사용합니다. 배합량이 적은 이유는 바삭하게 잘 씹히는 크러스트를 만들기 위해서입니다.

볼륨을 키우고 색을 예쁘게 내기 위해 넣습니다.

맛과 색을 좋게 하기 위해 사용합니다. 다른 유제품을 사용해도 좋지만, 수분량을 조절해야 합니다.

통조림 액을 사용하면 옥수수 향이 강해져 옥수수빵의 느낌이 제대로 살아납니다.

수돗물도 괜찮습니다. 테이블 롤보다 조금 반죽을 단단하게 합니다. 후반에 넣는 옥수수에서 수분이 나오기 때문입니다.

여기서는 통조림 옥수수를 사용했는데, 표기된 중량은 물기를 따라내고 불에 올려 남은 수분을 날린 뒤의 중량입니다. 프라이팬에 소금을 뿌리면서 약간 노릇해질 때까지 구우면 더 맛있어집니다. 물을 따라내기만 한 상태로 쓰지는 않습니다(105쪽 참고).

70g  반죽 7개분

| 재료 | 밀가루 250g 기준(g) | 밀가루 500g 기준(g) | 베이커스 퍼센트(%) |
|---|---|---|---|
| 밀가루(강력분) | 200 | 400 | 80 |
| 밀가루(중력분) | 50 | 100 | 20 |
| 인스턴트 드라이 이스트 (레드) | 7.5 | 15 | 3 |
| 소금 | 3.75 | 7.5 | 1.5 |
| 설탕 | 25 | 50 | 10 |
| 버터 | 12.5 | 25 | 5 |
| 달걀 | 37.5 | 75 | 15 |
| 우유 | 37.5 | 75 | 15 |
| 옥수수 통조림 액 | 37.5 | 75 | 15 |
| 물 | 42.5 | 85 | 17 |
| 옥수수 | 87.5 | 175 | 35 |
| 합계 | 448.75 | 1072.5 | 214.5 |

기타 재료

- 달걀물(달걀과 물을 2:1 비율로 섞고 소금을 살짝 뿌린 것): 적당량
- 옥수수 필링(전처리한 옥수수 100에 마요네즈 30을 섞은 것): 적당량

## 옥수수빵 CORN BUNS

## 【 반죽하기 】

1

비닐봉지에 두 종류의 밀가루와 설탕을 넣고 공기를 머금도록 한 뒤 잘 흔든다. 비닐봉지 아래쪽을 손가락으로 눌러가며 봉지를 입체로 만들어 섞는다.

2

잘 풀어놓은 달걀, 우유, 옥수수 통조림 액, 물을 비닐봉지에 넣는다. 전부 섞은 다음 봉지 안에 부어도 된다.

3

다시 비닐봉지에 공기를 넣어 입체가 되도록 하고, 반죽이 봉지 안쪽 면에 강하게 부딪히도록 흔든다.

4

반죽이 어느 정도 뭉쳐지면 비닐봉지째 힘껏 주무른다.

5

반죽을 작업대 위에 꺼내어 40번 정도 치대고, 인스턴트 드라이 이스트를 첨가한 뒤 10번 정도 더 치댄다.

건조주의 온도유지

6 오토리즈 → 상세 87쪽 참고

20분간 오토리즈한다. 반죽을 둥글려서 이음매를 아래로 해 버터를 얇게 펴 바른 볼에 담고, 마르지 않도록 랩을 씌운다.

7

반죽을 펴서 인스턴트 드라이 이스트가 균일하게 퍼지도록 '늘이고 접기'를 150번 정도 반복한다.

8

반죽을 밀어 펴고 소금과 버터를 첨가한다. '늘이고 접기'를 150번 반복해 반죽을 연결시킨다. 반죽을 작게 잘라 겹치는 방법을 사용하면 효율적이다

9

글루텐이 형성되기 시작한다.

## 【 반죽에 대해서 】

### ● 반죽하기

테이블 롤과 거의 같습니다. 다만 밀가루의 힘(단백질량)이 약한 배합이므로 물의 양은 줄였습니다. 또한 처음에는 조금 반죽을 단단하게 합니다.

비닐봉지에 두 종류의 밀가루와 설탕을 넣고 잘 흔든 뒤, 풀어놓은 달걀, 우유, 옥수수 통조림 액, 물을 넣고 흔들어 섞습니다. 가루가 사라지면 비닐봉지째 빵 반죽을 계속 주물러 한 덩어리로 만듭니다. 가루가 보이지 않을 만큼 반죽이 뭉쳐지면 비닐봉지에서 꺼내서 40번 정도 반죽합니다. 그리고 인스턴트 드라이 이스트를 넣고서 10번 더 반죽하세요. 이 단계의 목적은 발효를 시작하는 것이 아니라 인스턴트 드라이 이스트를 적당히 분산시키고 수분을 흡수하게 하는 것입니다.

반죽을 가볍게 뭉쳐서 20분간 오토리즈합니다.

20분 후 반죽을 볼에서 꺼내어 단단하게 덩어리지도록 반죽에 힘을 가합니다. 어느 정도 글루텐이 성장해 반죽이 매끄러워지기 시작하면 5~6등분해 하나를 테이블에 얇게 밀어 펴고, 다른 하나를 그 위에서 또 밀어 폅니다. 나눈 반죽을 전부 겹쳐서 하나의 덩어리가 되면 다시 5~6등분해 층층이 쌓는 작업을 계속 반복합니다. 이 작업이 지겨워지면 다시 볼에 넣고 반죽해도 괜찮습니다.

더 좋은 방법은, 지겨워졌을 때 5분 정도 반죽하기를 멈추는 것입니다. 반죽이 쉬는 중에도 글루텐은 자체적으로 성장하고 결합하므로 반죽을 만드는 도중에 몇 번 쉬는 시간을 넣으면, 힘도 덜 들고 매끄럽게 잘 연결된 반죽을 만들 수 있습니다.

혹시 집에 안 쓴 지 오래된 제빵기가 있다면 반죽하는 것만이라도 사용해보세요.

반죽이 완성되면 옥수수를 넣습니다. 옥수수를 단단한 반죽에 섞기란 꽤 어렵습니다. 잘 안되더라도 초조해하지 말고 천천히 작업하세요. 손에 달라붙지 않고 옥수수가 반죽에 깔끔하게 섞이면 완성입니다.

**효율을 높이는 포인트**

반죽을 작게 나누어 각 반죽을 얇게 늘여서 겹치는 방법을 사용하면 반죽을 하는 데 효율이 높아집니다.

**작업대 온도 조절**

큰 비닐봉지에 따뜻한 물(여름에는 차가운 물)을 1리터 정도 넣어서 공기를 빼고 물이 쏟아지지 않도록 꽉 묶어줍니다. 이것을 작업대의 빈 공간에 놓고, 가끔 반죽하는 위치와 비닐봉지의 위치를 바꿉니다. 작업대를 데우거나 식히면서 반죽하는 것이 실내 온도를 조절하는 것보다 효과적입니다. 사진과 같은 석제 작업대가 특히 온도가 잘 유지됩니다.

## 【 반죽 온도 】

10

작게 자른 반죽을 펴서 몇 번 겹쳐가며 전처리한 옥수수를 넣는다.

11

'늘이고 접기'를 100번 정도 반복한다.

12

옥수수 알이 반죽 바깥으로 떨어져나오지 않고 막에 살짝 감싸일 때까지 잘 섞는다. 반죽 온도는 28~29도가 적당하다.

## 【 반죽 발효(1차 발효) 】

13

건조주의 온도유지

한 덩어리로 뭉쳐서 버터를 얇게 펴 바른 볼에 담는다. 마르지 않게 랩을 씌우고 27도가량인 곳에서 60분간 발효한다.

14

60분이 지나면 손가락 구멍 테스트를 해 구멍이 원래대로 돌아가지 않으면 가볍게 두드려서 가스를 뺀다.

15

건조주의 온도유지

반죽을 뭉쳐 13의 볼에 다시 담는다. 랩을 씌워 30분 더 발효한다.

## 【 분할·둥글리기 】

16

70g씩 7개로 나눈다.

17

가볍게 둥글린다.

## 【 벤치 타임 】

18

건조주의 온도유지

20분간 벤치 타임을 가진다.

## 【 반죽 후 벤치 타임까지의 과정 】

### ● 반죽 온도

반죽 온도는 약간 높은 28~29도를 목표로 합니다. 옥수수의 온도도 생각보다 중요하답니다. 겨울에는 따뜻하게, 여름에는 차갑게 해서 넣으면 최종 반죽 온도를 조절할 수 있습니다.

### ● 반죽 발효(1차 발효)와 펀칭

발효 장소는 27도, 75%가 목표입니다. 볼에 랩을 씌워 집에서 목표 온도에 가장 가까운 곳에 60분간 놓아둡니다.

펀칭을 한 뒤 가볍게 다시 뭉치고, 다시 랩을 씌워 같은 환경에서 30분 더 발효합니다.

### ● 분할 · 둥글리기

70g씩 자르고 둥글립니다. 고형의 옥수수 알이 들어 있기 때문에 그만큼 크게(무겁게) 분할합니다.

### ● 벤치 타임

반죽이 마르지 않도록 해 발효 때와 같은 장소에 20분간 놓아둡니다. 벤치 타임을 통해서 단단하던 반죽이 부드럽고 성형하기 쉬운 상태가 됩니다.

### COFFEE TIME

#### 제철 옥수수를 사용해보기

맛있는 옥수수가 나오는 여름에는 신선한 옥수수를 사용하세요. 보통 생 옥수수는 소금물에 찌지만, 늘 고온의 오븐이 돌아가고 있는 빵집에서는 껍질 1~2장을 남기고 벗겨내어 오븐에 굽습니다. 가정에서도 전자레인지에 껍질 1~2장을 남기고 2분 30초 동안 데운 다음 뒤집어서 똑같이 2분 30초 가열하면 됩니다. 가열시간은 상태를 봐서 조절합니다.

**손가락 구멍 테스트**

중지에 밀가루를 묻혀 반죽 가운데를 깊이 찔러봅니다. 손가락을 빼도 구멍이 그대로 남아 있다면 펀칭을 할 타이밍입니다.

**빵 반죽만 부푼다 (1)**

이 빵의 전체 반죽 449g 중 88g(베이커스 퍼센트로 표시하면 35÷214.5=0.16), 즉 16%는 옥수수라는 고형물입니다. 당연히도 옥수수는 부풀어오르지 않습니다. 나머지 84%의 빵 반죽만이 부풀어오르는 것입니다. 70g으로 분할한 반죽에서는 58.8g만 부풀어오르는 셈입니다. 건포도빵도 같은 원리로 조금 크게 분할합니다.

## 【 성형 】

⑲

4개는 원 모양으로 만들고, 3개는 밀대로 밀어 둥글게 민다.

⑳

밀어 편 반죽은 저울 위에 올려놓고, 옥수수 필링을 40g 올린다.

㉑

반죽 가장자리를 꼬집어 여민다.

## 【 최종 발효·굽기 전 작업 】

㉒

건조주의   온도유지

따뜻하고 마르지 않은 환경에서 50~60분 동안 최종 발효를 한다. 사진은 스티로폼 상자에 따뜻한 물을 약간 넣고 발포지 위에 베이킹 시트를 깐 뒤 반죽을 올려놓은 모습. 발효가 되는 동안 오븐을 예열한다. 오븐 바닥에 스팀용 팬을 넣어 210도로 설정한다.

㉓

오븐에 넣기 직전, 윗면에 달걀물을 바르고 원 모양 반죽에는 칼집을 한 줄 넣는다. 필링을 넣은 반죽은 윗면에 가위로 십자 모양 칼집을 넣고, 칼집 안으로 마요네즈를 적당량 짜넣는다. 오븐 바닥에 넣어둔 스팀용 팬에 물을 200ml 붓는다(수증기가 급격히 발생하므로 화상에 주의한다).

## 【 굽기 】

㉔

바로 반죽을 올린 팬을 오븐에 넣는다. 오븐 팬이 상하단 두 곳에 들어갈 경우 하단에 넣는다. 오븐을 닫고 설정 온도를 200도로 낮춘다.

㉕

9~12분가량 굽는다. 골고루 구워지지 않는다면 팬의 앞뒤 방향을 바꾸어 넣는다.

㉖

빵 전체에 먹음직스러운 색이 입혀졌다면 완성. 팬을 오븐에서 꺼내어 작업대 위 10~20cm 높이에서 떨어뜨린다. 두 번째 팬을 넣을 때는 다시 210도로 설정해 23~26을 반복한다.

## 【 성형에 관해 】

### ● 성형

둥근 모양으로 성형합니다. 너무 힘을 많이 주지 않도록 주의하세요. 힘을 많이 주어 둥글리면 옥수수가 삐져나올 수 있습니다. 어느 정도의 힘이 적당한지는 만들어보면서 습득합니다.

응용한 빵을 만들고 싶다면 필링을 넣습니다. 옥수수 필링, 감자 필링, 콩 비지, 냉장고에 있는 빵과 어울릴 만한 반찬이면 뭐든 괜찮습니다. 맛있는 반찬빵이 될 거예요.

### ● 최종 발효 · 굽기 전 작업

32도, 80%를 목표로 최종 발효합니다. 반죽 표면이 마르지만 않는다면 온도는 낮아도 상관없습니다. 반죽을 올린 팬이 통째로 들어가는 커다란 스티로폼 상자가 있다면 따뜻한 물을 넣고 받침대를 만들어(옆 쪽 사진 참고) 그 위에 올려놓고 반죽이 2~2.5배 부풀어오를 때까지 발효합니다.

혹은 랩을 반죽에 닿지 않게 씌워서 실온에 두어도 괜찮습니다.

최종 발효를 마친 반죽은 표면을 살짝 말린 다음 달걀물을 바르거나, 아니면 오븐에 넣을 때 스팀을 발생시킵니다. 둘 중 하나는 꼭 해야 합니다. 또, 표면에 칼이나 가위로 칼집을 내면 외양에 변화를 주는 것과 동시에 볼륨도 더 키울 수 있습니다. 조리빵에는 윗면에 십자로 칼집을 내고, 마요네즈를 짜 넣어도 맛있습니다

### ● 굽기

200도에서 9~12분간 굽습니다. 너무 구워져도, 덜 구워져도 빵이 제대로 완성되지 않습니다. 지금까지 정성을 들여 만들었으니, 이 시간 동안에는 오븐 앞에서 떠나지 말고 지켜보세요. 열 전달이 느리므로 테이블롤보다 조금 길게 굽습니다. 구워지는 속도가 다르다면 팬을 전후좌우로 돌려 넣습니다. 빵 전체에 먹음직스런 색이 돌면 오븐에서 팬을 꺼내어 작업대 10~20cm 위에서 떨어뜨려 충격을 줍니다. 이렇게 하면 빵의 수축을 방지할 수 있습니다.

단, 속재료를 넣은 빵은 충격을 너무 세게 주면 재료 아랫부분이 찌그러지니 힘을 조절합니다.

**응용편** ▶

**반죽을 보관했다가 나중에 굽는 방법**

반죽을 한 번에 많이 만들고 싶을 때는 밀가루 500g 배합으로 만드세요. 작업은 1~15까지는 동일합니다.

❶ 반죽은 약 1070g 나오므로, 70g× 7=490g을 분할한 뒤 580g이 남습니다. 이 반죽은 비닐봉지에 넣어서 1~2cm 내로 일정한 두께로 민 다음 냉장고에 보관해 냉장 숙성시킵니다.

❷ 다음 날 혹은 그다음 날 반죽을 냉장고에서 꺼내어(반죽 온도 약 5도) 따뜻한 곳에 1시간 정도 놓아둡니다.

❸ 반죽 온도가 17도 이상이 되었는지 확인하고 과정 16번부터 작업을 진행합니다. 3일 이상 보관하려면 냉동 보관하세요. 냉동실의 반죽도 일주일 이내에 사용하는 것이 좋습니다. 빵을 굽기 전날 반죽을 냉동실에서 냉장실로 옮긴 다음 위 2번부터 진행합니다.

# 건포도빵 RAISIN BREAD & ROLLS

이 빵 역시 STEP 1의 식빵에 건포도를 첨가한 빵이라고 생각하면 됩니다. 수분이 많은 통조림 옥수수와는 반대로 건포도의 수분은 반죽보다 훨씬 적으므로, 전처리를 해서 반죽의 수분과 비슷하게 맞춘 뒤 사용합니다. 전처리를 제대로 하지 않으면 발효 도중에도 구운 후에도 건포도가 주변 수분을 빼앗아가서 빵이 퍼석퍼석해집니다.

롤

버터롤

핫도그형

로프

## 【 공정 】

| | |
|---|---|
| 반죽 | 손반죽 (40회, IDY 첨가 후 10회, AL 20분 후 150회, 소금·버터 첨가 후 150회, 건포도 첨가 후 100회) |
| 반죽 온도 | 27~28도 |
| 발효 시간(27도, 75%) | 60분, 펀칭, 30분 |
| 분할·둥글리기 | 로프 220g (비용적 3.2, 틀용적 700㎖), 핫도그형 80g, 버터롤 50g |
| 벤치 타임 | 25분 |
| 성형 | 롤, 버터롤, 핫도그형, 로프 |
| 2차 발효(32도, 80%) | 50~60분 |
| 굽기(210→200도) | 8~9분(핫도그형, 버터롤), 17분(로프) |

IDY: 인스턴트 드라이 이스트    AL: 오토리즈

# 배합(재료)

 **Chef's comment**

## 【 재료를 고르는 법 】

50g 반죽 12개분

| 재료 | 밀가루 250g 기준(g) | 밀가루 500g 기준(g) | 베이커스 퍼센트(%) |
|---|---|---|---|
| 밀가루(강력분) | 225 | 450 | 90 |
| 밀가루(중력분) | 25 | 50 | 10 |
| 인스턴트 드라이 이스트 (레드) | 5 | 10 | 2 |
| 소금 | 5 | 10 | 2 |
| 설탕 | 25 | 50 | 10 |
| 버터 | 20 | 40 | 8 |
| 우유 | 75 | 150 | 30 |
| 물 | 100 | 200 | 40 |
| 전처리 건포도 | 125 | 250 | 50 |
| 합계 | 605 | 1210 | 242 |

옥수수빵과 마찬가지로 강력분에 중력분을 1% 섞습니다. 건포도의 무게를 견딜 수 있도록 옥수수빵보다 단백질 량을 조금 늘립니다.

식빵과 같은 것을 씁니다. 생 이스트를 구할 수 있다면 그것을 써도 좋지만 사용량이 달라집니다. 자세한 내용은 74쪽을 참고하세요.

소금이라면 어떤 것이든 괜찮습니다.

설탕이라면 어떤 것이든 괜찮지만, 식빵보다는 조금 많이 넣는 편이 부드럽게 구워집니다.

적정량의 유지를 사용하면 빵이 부드러워지고 잘 부풀어오릅니다. 건강을 생각해서 올리브 오일을 써도 상관은 없지만 볼륨은 조금 작아집니다.

집에 있는 우유면 됩니다. 맛이 좋아지고 발효 안정성도 높아지는 장점이 있지만, 알레르기가 있으신 분은 두유나 물로 대체해도 괜찮습니다.

수돗물도 괜찮습니다.

건포도를 50도의 물에 10분간 담갔다가 물을 버리고 럼주를 건포도 무게의 10%만큼 넣습니다. 재어둘 술은 꼭 럼주가 아니어도 됩니다.

기타 재료

• 달걀물(달걀과 물을 2:1 비율로 섞고 소금을 살짝 뿌린 것): 적당량
• 깨: 적당량
• 그래뉴당: 적당량

## 【 반죽하기 】

1

비닐봉지에 두 종류의 밀가루와 설탕을 넣고 공기를 머금도록 한 뒤 잘 흔든다. 비닐봉지 아래쪽을 손가락으로 눌러가며 봉지를 입체로 만들면 잘 섞인다.

2

우유와 물을 넣는다.

3

다시 비닐봉지에 공기를 넣어 입체가 되도록 하고, 반죽이 봉지 안쪽 면에 강하게 부딪히도록 세게 흔든다.

4

반죽이 어느 정도 뭉쳐지면 비닐봉지째 힘껏 주무른다.

5

반죽을 작업대 위에 꺼내어 40번 정도 치대고, 인스턴트 드라이 이스트를 첨가한 뒤 10번 정도 더 치댄다.

건조주의 온도유지

6 오토리즈 → 상세 87쪽 참고

20분간 오토리즈한다. 반죽을 둥글려서 이음매를 아래로 해 버터를 얇게 펴 바른 볼에 담고, 마르지 않도록 랩을 씌운다.

7

반죽을 작업대 위에 밀어서 인스턴트 드라이 이스트가 균일하게 퍼지도록 '늘이고 접기'를 150번 정도 반복한다.

8

반죽을 밀어 펼치고 소금과 버터를 첨가한다.

9

'늘이고 접기'를 150번 반복해 반죽을 연결시킨다. 반죽을 작게 잘라 겹치는 방법을 사용하면 효율적이다.

## 【 반죽에 대해서 】

### ● 반죽하기

기본적으로 식빵과 같습니다. 글루텐이 끈끈하게 결합하며 얇게 늘어나서 부드럽고 볼륨이 큰 빵이 되도록 강하게 반죽합니다.

글루텐 체크로 반죽이 된 정도를 확인해, 식빵보다 글루텐 막이 조금 두꺼워 보일 때 건포도를 추가합니다. 글루텐 막이 너무 얇으면 부풀어 오르는 도중 건포도의 무게를 견디지 못하고 빵이 주저앉게 됩니다.

건포도빵도 옥수수빵과 같이 반죽에 섞어넣는 재료, 즉 건포도의 온도가 중요합니다. 냉장고에서 바로 꺼낸 찬 건포도나 여름 실온에 놓아두어 온도가 오른 건포도를 그대로 쓰면 반죽 온도를 관리할 수 없습니다. 건포도는 여름에는 식혀서, 겨울에는 따뜻하게 해서 반죽 온도를 맞추도록 합니다.

### COFFEE TIME

#### 건포도 재우는 법

맛있는 건포도빵을 만들기 위해서는 건포도의 전처리가 중요합니다. 건포도의 수분은 14.5%인 반면 빵 반죽의 수분은 대개 40% 전후입니다. 건포도를 그대로 반죽에 섞으면 침투압 때문에 반죽이 건포도에 수분을 빼앗겨 딱딱해지고, 빵을 구워도 퍼석퍼석하며 노화가 빠른 빵이 되고 맙니다.

여기에 제 가게에서 쓰는 방법을 소개할게요. 건포도를 50도의 온수에 10분간 담가놓으면 건포도의 수분이 10% 오릅니다. 물을 버리고 럼주를 건포도 무게의 10%만큼 첨가합니다. 그러면 건포도의 수분은 10% 더 올라 34.5%가 됩니다. 그리고 2주간 그대로 둡니다. 40%까지 올라가버리면 반죽할 때 건포도가 찌부러집니다. 이 정도의 수분에서 멈추는 편이 빵의 품질 면에서 나은 것 같습니다. 또, 건포도를 담가둘 술은 여러 가지를 사용해보면서 여러분만의 건포도빵을 개발해보세요. 저는 키르쉬 리큐르(체리술), 소주 등도 사용합니다. 홍차, 와인에 담가두어도 맛있습니다.

**작업대 온도 조절**

큰 비닐봉지에 따뜻한 물(여름에는 차가운 물)을 1리터 정도 넣어서 공기를 빼고 물이 쏟아지지 않도록 꽉 묶어줍니다. 이것을 작업대의 빈 공간에 놓고, 가끔 반죽하는 위치와 비닐봉지의 위치를 바꿉니다. 작업대를 데우거나 식히면서 반죽하는 것이 실내 온도를 조절하는 것보다 효과적입니다. 사진과 같은 석제 작업대가 특히 온도가 잘 유지됩니다.

**글루텐 체크**

식빵보다 글루텐 막이 조금 두꺼운 상태일 때 건포도를 넣습니다.

## 【 반죽 온도 】

### 10

반죽과 전처리한 건포도를 몇 덩이로 나누어 반죽을 늘인 후 건포도를 뿌리며 겹친다.

### 11

'늘이고 접기'를 100번 정도 반복한다.

### 12

건포도가 반죽 바깥으로 떨어져나오지 않고 막에 살짝 감싸일 때까지 반죽한다. 반죽 온도를 확인한다. 27~28도가 적당하다.

## 【 반죽 발효(1차 발효) 】

### 13

반죽을 한 덩어리로 뭉쳐서 버터를 얇게 펴 바른 볼에 담는다. 27도가량인 곳에서 60분간 발효한다. 마르지 않게 주의한다.

### 14

60분 후 적당히 부풀었으면 손가락 구멍 테스트를 해보아 구멍이 원래대로 돌아가지 않으면 볼에서 꺼내어 펀칭한다.

### 15

반죽을 가볍게 다시 뭉쳐 13의 볼에 담는다. 랩을 씌워 30분 더 발효한다.

## 【 분할 · 둥글리기 】

### 16

로프형은 220g, 핫도그형은 80g, 버터롤은 50g으로 분할한다.

### 17

가볍게 둥글린다.

## 【 벤치 타임 】

### 18

25분간 벤치 타임을 가진다. 버터롤로 성형할 반죽만 10분 지난 시점에 당근 모양으로 만들어준다.

## 【 반죽 후 벤치 타임까지의 과정 】

### ● 반죽 온도

반죽이 끝난 시점에 27~28도가 되도록 합니다. 여름에는 찬물, 겨울에는 따뜻한 물을 사용해서 목표 온도에 가깝게 완성시킵니다.

실온에 노출되는 시간(반죽하는 시간)에도 주의를 기울이세요. 반죽 온도에는 실온 이상으로 작업대의 온도가 영향을 미치므로, 여기서도 물을 담은 봉지로 작업대를 따뜻하게 혹은 차갑게 만들면서 반죽합니다.

### ● 반죽 발효(1차 발효)와 펀칭

발효 장소는 27도, 75%가 목표입니다. 발효실 온도가 이보다 높으면 발효가 빨리 진행되므로 발효 시간을 줄여야 합니다. 온도가 낮다면 발효 시간을 늘립니다.

반죽 온도가 목표와 다를 경우, 1도마다 전체 발효 시간(1차 발효+벤치 타임+최종 발효)을 20분씩 조절합니다.

60분이 경과하면 손가락 구멍 테스트로 반죽의 발효 정도를 체크해보고 펀칭합니다. 가볍게 다시 뭉쳐서 다시 랩을 씌우고 같은 환경에서 30분 더 발효합니다.

### ● 분할 · 둥글리기

로프형은 빵틀을 사용합니다. 식빵의 비용적을 3.8이라고 했을 때, 발효되거나 팽창하지 않는 건포도가 들어 있는 건포도빵은 이보다 비용적을 더 작게, 분할 중량을 크게 합니다. 이 수치도 건포도의 첨가 비율에 따라 달라지니 주의하세요.

분할한 반죽을 둥글리는 작업은 처음에는 누구나 잘하기 어렵지만, 이때는 조금 강하게 둥글려도 좋습니다. 건포도빵 반죽은 술에 담가두었던 건포도의 물기나 액체로 빠져나온 건포도의 당분 때문에 물러지기 쉽습니다. 확실히 둥글려서 반죽이 퍼지지 않도록 합니다.

### ● 벤치 타임

25분을 목표로 합니다. 25분보다 일찍 심이 없어져서 성형이 가능해졌다면 바로 성형 단계를 진행합니다. 구워진 결과를 보고 빵이 덜 익었다면 다음에는 벤치 타임 중간에 한 번 더 둥글려보세요. 둥글리기를 두 번 하면 벤치 타임도 두 배로 늘려야 하며, 그만큼 반죽의 발효 시간이 길어져 빵이 제대로 부풀어오릅니다.

---

Bread making tips

**손가락 구멍 테스트**

중지에 밀가루를 묻혀 반죽 가운데를 깊이 찔러봅니다. 손가락을 빼도 구멍이 그대로 남아 있다면 펀칭을 할 타이밍입니다.

**빵 반죽만 부푼다 (2)**

700ml짜리 로프 틀을 사용할 때 3.2의 비용적으로 만들려면 218.8, 계산하기 쉽게 220g의 반죽을 틀에 넣습니다.

베이커스 퍼센트로 보면 50(건포도 첨가량)÷242(전체 반죽)×100=20%가 건포도입니다.

건포도는 옥수수와 마찬가지로 발효해도 부풀지 않습니다. 부풀어오르는 부분은 나머지 80%입니다. 이 부분만 가지고 비용적을 계산하면 700÷176(분할한 반죽 200g 중 순수 빵 반죽 부분)=3.98이며, 틀에 굽는 빵으로서는 이상적인 수치입니다(35쪽 참고).

## 【 성형 】

### 19

**롤**

롤은 그대로 다시 둥글린다.

### 20

**버터롤**

당근 모양 반죽은 밀대로 이등변삼각형으로 늘여 밑변 쪽에서부터 만다. 물에 적신 키친타올에 윗면을 대서 수분을 머금게 한 뒤 깨를 묻힌다.

### 21

**핫도그형**

 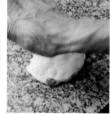    

핫도그형으로 만들 반죽은 가볍게 두드려 얇게 편 다음 위아래에서 한 번씩 접어 3절접기 하고, 양 옆을 안쪽으로 접는다. 그리고 위에서 아래로 한 번 접고 이음매를 눌러 붙인다. 물에 적신 키친타올에 윗면을 대서 수분을 머금게 한 뒤 깨를 묻힌다.

### 22

**로프**

로프도 핫도그형과 같은 방식으로 성형한다. 물에 적신 키친타올에 윗면을 대서 수분을 머금게 한 뒤 깨를 묻힌다. 버터를 발라둔 틀에 넣는다.

## 【 성형에 관해 】

### ● 성형

이때도 둥글리기를 꼼꼼하게 합니다. 밀대로 반죽을 얇게 밀어 펴고 김밥을 말듯이 둘둘 말아 긴 막대 모양으로 만들어도 됩니다.

　로프는 타원형으로 뭉친 후 이음매를 아래로 해 틀에 넣어주세요.

---

### COFFEE TIME

#### 어린 반죽? 지친 반죽?

제빵 용어 중 '어린 반죽', '지친 반죽'과 같은 표현이 있습니다. 어린 반죽은 발효가 부족한 반죽을 의미하며 지친 반죽은 반대로 발효가 지나치게 된 반죽을 의미합니다. 어린 반죽이나 지친 반죽으로 빵을 구우면 볼륨이 잘 나오지 않습니다.

---

## Bread making tips

**응용편**

### 반죽을 보관했다가 나중에 굽는 방법

반죽을 한꺼번에 많이 만들어두고 두 번에 나누어서 굽고 싶을 때는 밀가루 500g 배합으로 만드세요. 작업은 1~15까지는 동일하지만, 반죽 횟수는 20~30% 정도 늘려야 합니다.

❶ 총 반죽은 약 1210g입니다. 남은 반죽은 비닐봉지에 넣어서 1~2cm 내로 일정한 두께로 민 다음 냉장고에 보관해 냉장 숙성시킵니다.

❷ 다음 날 혹은 그다음 날 반죽을 냉장고에서 꺼내어(반죽 온도 약 5도) 따뜻한 곳에 1시간 정도 놓아둡니다.

❸ 반죽 온도가 17도 이상이 되었는지 확인하고 과정 16번부터 작업을 진행합니다.

❹ 3일 이상 보관하려면 냉동 보관하세요. 냉동실의 반죽도 일주일 이내에 사용하는 것이 좋습니다. 빵을 굽기 전날 반죽을 냉동실에서 냉장실로 옮긴 다음 위 2번부터 진행합니다.

## 【 최종 발효·굽기 전 작업 】

건조주의   온도유지

**23**

로프 반죽은 틀에 넣고, 그 외의 반죽은 팬 위에 올려 50~60분 동안 최종 발효를 한다. 로프 반죽은 틀 꼭대기에서 1.5~2cm 정도 고개를 내밀 만큼 발효되면 적당하다. 발효가 되는 동안 오븐을 예열한다. 오븐 바닥에 스팀용 팬을 넣어 210도로 설정한다.

**24**

발효 후, 깨를 묻히지 않은 반죽에는 달걀물을 바른다.

**25**

핫도그형 반죽에 칼집을 넣고 칼집 위에 그래뉴당을 뿌린다. 반죽을 넣기 직전에 바닥에 넣어둔 스팀용 팬에 물을 200ml 붓는다(수증기가 급격히 발생하므로 화상에 주의한다).

## 【 굽기 】

**26**

물을 부은 후 바로 반죽을 넣는다. 깨를 묻힌 반죽에는 물을 분무한다. 오븐을 닫고 설정 온도를 200도로 낮춘다.

**27**

굽는 시간은 작은 빵 기준 8~9분가량이고, 로프는 17분. 골고루 구워지지 않는다면 색이 돌기 시작할 즈음 오븐을 열어 팬의 앞뒤 방향을 바꾼다.

**28**

빵 전체에 먹음직스러운 색이 입혀졌다면 완성. 팬을 오븐에서 꺼내어 작업대 위 10~20cm 높이에서 떨어뜨린다.

### 두 번째 팬을 넣을 때

오븐의 설정 온도를 다시 210도로 올려서 25의 물을 붓는 부분부터 28까지 반복한다.

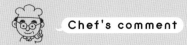
Chef's comment

## 【 최종 발효에서 굽기까지 】

### ● 최종 발효 · 굽기 전 작업

32도, 80%가 상한입니다. 온도가 낮아도 시간이 더 걸릴 뿐 문제는 없습니다. 하지만 반죽은 반드시 마르지 않게 해야 합니다.

　최종 발효 시간과 오븐 팽창은 반비례합니다. 발효 시간이 평소보다 오래 걸리는 반죽은 오븐에 넣어도 잘 부풀지 않습니다. 반대로 발효 시간이 짧은 반죽은 오븐에 넣으면 크게 부풀어오릅니다.

### ● 굽기

빵틀의 크기, 반죽의 양에 따라 차이는 있지만 로프의 경우 200도에서 17분이 기준입니다.

　크러스트(빵껍질)가 얇고 윤기가 나는 건포도빵을 굽고 싶다면 빵틀을 넣기 전에 오븐 바닥에 넣어두었던 스팀용 팬에 물 200㎖를 붓습니다. 수증기가 급격히 발생하므로 팬이나 빵틀을 넣은 후에는 되도록 재빨리 오븐을 닫습니다(화상을 입지 않도록 주의하세요). 그동안 오븐 온도가 급격히 내려가게 되니, 처음에는 오븐 온도를 210도로 설정했다가 일련의 작업이 끝나고 오븐을 닫은 뒤에 200도로 내려서 마지막까지 굽습니다.

　어떤 오븐은 위치에 따라 구워지는 정도가 다를 수 있습니다. 그때는 중간에 팬이나 빵틀의 방향을 바꾸어 넣습니다.

　빵 전체에 먹음직스런 색이 돌면 오븐에서 빵을 꺼낸 뒤 충격을 주어서 수축을 방지합니다. 오븐에서 팬이나 빵틀을 꺼내면 바로 작업대 위에 그대로 떨어뜨립니다. 틀에 들어 있는 빵은 최대한 빨리 틀에서 꺼내서 식힘망 등에 올려놓고 식힙니다. 이때 식힘망이나 받침대는 평평해야 합니다. 바닥이 볼록하거나 오목하면 식히는 동안 빵 옆면이 움푹 패일 수 있습니다.

# 브리오슈 BRIOCHE

단과자빵을 더 리치하게(버터나 달걀 등 부재료를 많이 넣어) 만든 배합입니다. 부재료들이 글루텐의 결합을 방해하므로 버터를 넣기 전에 글루텐을 얼마나 잘 결합시키느냐가 포인트입니다. 달걀노른자에 포함된 레시틴은 유화제로 작용해 반죽에 버터를 잘 스며들게 하므로, 버터가 많은 반죽에는 달걀도 같이 들어가는 경우가 많답니다.

브리오슈 아 테트

브리오슈 드 낭테르

## 【 공정 】

| | |
|---|---|
| 반죽 | 손반죽 (40회, IDY 첨가 후 10회, AL 20분 후 150회, 버터 첨가 후 150회, 소금·버터 첨가 후 150회) |
| 반죽 온도 | 24~25도 |
| 발효 시간(27도, 75%) | 60분, 펀칭 |
| 냉장(4도) | 하룻밤 |
| 분할·둥글리기 | 32g×8개, 8g×8개, 40g×6개 |
| 벤치 타임(냉장고) | 30분 |
| 성형 | 브리오슈 아 테트, 브리오슈 드 낭테르 |
| 2차 발효(27도, 80%) | 40~50분 |
| 굽기(210→200도) | 8~10분(테트), 14~16분(낭테르) |

IDY: 인스턴트 드라이 이스트    AL: 오토리즈

# 배합(재료)

## Chef's comment

### 【 재료를 고르는 법 】

제빵용 밀가루(강력분)를 사용합니다. 버터를 비롯해 부재료가 많이 들어가기 때문에 글루텐 결합이 약해집니다. 그러므로 단백질이 많은 밀가루가 필요합니다.

이 반죽은 부재료가 많은데다 냉장 발효시키기 때문에 이스트를 많이 씁니다. 만약 설탕 내성이 뛰어난 인스턴트 드라이 이스트(골드)를 구할 수 있다면 그쪽을 써도 좋습니다. 설탕내성이 뛰어난 효모는 대개 냉동내성도 뛰어납니다.

평범한 소금이면 됩니다. 부재료가 많아 반죽의 전체 양도 많으므로 2% 정도로 많이 사용합니다.

평범한 설탕이면 됩니다. 다른 부재료가 많은 대신 설탕은 10% 정도로 적게 넣습니다.

맛있는 최상급 브리오슈를 만들고자 한다면 버터를 사용하세요.

빵의 볼륨과 색을 좋게 합니다. 또한 노른자(레시틴)의 유화작용으로 반죽에서 버터가 분리되는 것을 막아줍니다. 배합에 따라서는 물을 사용하지 않고 달걀만으로 만드는 경우도 있지만, 흰자가 많이 들어가면 흰자 속의 오브알부민이 퍼석거리는 식감을 냅니다. 저는 달걀과 우유를 반반 정도 넣는 배합을 좋아합니다.

평범한 우유 외 두유나 물이어도 괜찮습니다. 저는 물은 넣지 않고 달걀과 우유를 반반 넣을 때도 있습니다.

여태까지의 빵들과 마찬가지로 수돗물로 충분합니다. 물을 제대로 쓰면 촉촉한 빵을 만들 수 있습니다.

40g 반죽 14개분

| 재료 | 밀가루 250g 기준(g) | 베이커스 퍼센트(%) |
|---|---|---|
| 밀가루(강력분) | 250 | 100 |
| 인스턴트 드라이 이스트 (레드) | 7.5 | 3 |
| 소금 | 5 | 2 |
| 설탕 | 25 | 10 |
| 버터 | 100 | 40 |
| 달걀 | 75 | 30 |
| 우유 | 75 | 30 |
| 물 | 17.57 | 7 |
| 합계 | 555 | 222 |

기타 재료

• 달걀물(계란을 잘 푼 것): 적당량
(※리치한 배합의 반죽에 달걀물을 바를 때는 물을 섞지 않습니다.)

## 【 반죽하기 】

1

비닐봉지에 밀가루와 설탕을 넣고 공기를 머금도록 한 뒤 잘 흔든다. 비닐봉지 아래쪽을 안쪽으로 누르면 봉지가 입체적으로 변해 가루가 잘 섞인다.

2

잘 풀어놓은 달걀, 우유, 물을 비닐봉지에 넣는다.

3

다시 비닐봉지에 공기를 넣어 입체가 되도록 하고, 반죽이 봉지 안쪽 면에 강하게 부딪히도록 세게 흔든다.

4

반죽이 어느 정도 뭉쳐지면 비닐봉지째 힘껏 주무른다.

5

반죽을 작업대 위에 꺼내어 40번 정도 치대고, 인스턴트 드라이 이스트를 첨가한 뒤 10번 정도 더 치댄다.

건조주의 온도유지

6 **오토리즈 → 상세 87쪽 참고**

(오토리즈 전)  (오토리즈 20분 후)

20분간 오토리즈한다. 반죽을 둥글려서 이음매를 아래로 해 버터를 얇게 펴 바른 볼에 담고, 랩을 씌운다. (사진은 오토리즈 전과 후의 글루텐 형성도 차이)

7

20분이 지나면 인스턴트 드라이 이스트가 균일하게 퍼지도록 '늘이고 접기'를 150번 정도 반복한다.

8

반죽을 작게 잘라서 얇게 밀어 펴고 버터를 올린 뒤 그 위에 다시 반죽과 버터를 올리기를 반복하며 섞는다.

9

버터를 반 정도 넣은 뒤에는 '늘이고 접기'를 150번 반복해 반죽을 연결시킨다.

## 【 반죽에 대해서 】

### ● 반죽하기

비닐봉지에 밀가루와 설탕을 넣습니다. 봉지 안에서 가루들이 골고루 섞이도록 탈탈 흔들어줍니다. 그다음 온도를 조절한 우유, 거품기로 풀어놓은 달걀, 물, 공기를 함께 넣어 바람을 넣은 풍선처럼 부풀려서 힘차게 흔듭니다. 비닐봉지 안쪽 면에 반죽을 두들긴다는 느낌으로 팔 전체를 사용해 세차게 흔들며 반죽을 한 덩어리로 만들어갑니다.

다음으로 비닐봉지째 반죽을 계속 주물러 반죽 속에 글루텐 구조가 더 견고하게 연결되도록 합니다. 어느 정도 반죽이 연결되면 비닐봉지에서 꺼내어 작업대 위에서 40번 정도 치댑니다. 그다음 인스턴트 드라이 이스트를 넣고서 10번 더 치대주세요. 그 후에는 오토리즈를 합니다.

20분 후, '늘이고 접기'를 약 150번 반복하며 인스턴트 드라이 이스트를 반죽에 잘 퍼지게 합니다.

그 후 실온에 내놓아둔 버터 절반을 반죽에 섞어 넣습니다. 반죽을 작게 나눈 뒤 얇게 밀어 펴서 버터를 바르고, 그 위에 다른 반죽을 겹쳐서 또 밀면 효율적입니다. 그다음 '늘이고 접기' 작업을 150번 정도 합니다.

다음으로 남은 버터와 소금을 같은 방식으로 반죽에 섞어 넣습니다. 이후 '늘이고 접기'를 150번 반복합니다. 글루텐 체크를 해보아 반죽이 얇게 늘어나면 완성입니다.

**글루텐 체크**

가끔씩 글루텐 체크를 해주세요. 버터와 소금까지 전부 넣어서 충분히 반죽한 뒤 사진과 같이 손가락이 비쳐 보일 정도로 얇게 늘어나면 완성입니다.

## 【 반죽 온도 】

10

반죽을 펴서 남은 버터와 소금을 넣는다.

11

'늘이고 접기'를 150번 더 반복한다.

12

반죽의 온도를 확인한다. 24~25도가 적당하다.

## 【 반죽 발효(1차 발효) 】

건조주의  온도유지

13

반죽을 뭉쳐서 볼에 넣고 랩을 씌운다. 27도 가까운 환경에서 60분 동안 발효한다.

14

적당히 부풀면 손가락으로 발효 정도를 테스트해보고 볼에서 꺼내어 가볍게 펀칭한다.

건조주의  온도유지

15

비닐봉지에 담고 밀대로 1~2cm 두께로 밀어 냉장고에서 하룻밤 휴지시킨다.

## 【 분할·둥글리기 】

16

반죽을 32g 8개, 8g 8개, 40g 6개로 분할한다. 브리오슈 아 테트를 만드는 틀의 크기에 따라 무게는 달라질 수 있다.

17

각 반죽을 가볍게 둥글린다.

## 【 벤치 타임 】

건조주의

18

트레이에 올려놓고 마르지 않도록 랩을 씌운 뒤 냉장고에서 30분간 벤치 타임을 가진다.

## 【 반죽 후 벤치 타임까지의 과정 】

### ● 반죽 온도

24~25도를 목표로 합니다. 버터가 많이 들어가므로 아무리 높아도 27도를 넘지 않도록 하세요.

### ● 반죽 발효(1차 발효)와 펀칭

27도, 75%가 목표입니다. 60분 후에 가스를 빼고 비닐봉지에 넣어서 빠르게 냉각되도록 1~2cm 두께로 밀어 냉장고에 넣습니다.

### ● 냉장 발효

비닐봉지에 넣은 반죽은 냉장고에서 하룻밤 동안 냉장 발효와 숙성을 시킵니다.

### ● 분할 · 둥글리기

사용하는 틀의 크기에 맞추어 분할합니다. 여기서는 브리오슈 아 테트용으로 32g과 8g 두 종류를 8개씩, 파운드틀에 들어가는 브리오슈 드 낭테르용으로는 40g 6개로 분할했습니다.

### ● 벤치 타임(냉장)

30분이 목표입니다. 성형하기 쉬울 만큼 차갑고 물러지면 성형을 시작합니다. 상온에서 벤치 타임을 가지면 반죽이 끈적해져 성형하기 어려워지므로 냉장고에 넣습니다.

**냉장**

비닐봉지에 반죽을 일정한 두께로 평평하게 밀어서 냉장고에 넣으면 반죽 온도가 금방 내려가며, 상온에 내놓았을 때도 금방 온도가 올라갑니다.

---

## COFFEE TIME

### 달걀물의 구분

어느 빵에 어떻게 만든 달걀물을 쓸지 결정하는 것은 의외로 까다롭습니다. 기본적으로는 반죽 배합에 따라 달걀물의 배합(농도)을 달리 합니다. 예를 들어, 프랑스빵에는 흰자를 바르고, 테이블 롤이나 단과자빵에는 노른자와 흰자에 물 50%를 섞으며, 그보다 리치한 배합에는 물 없이 달걀만 풀어서 씁니다. 전통과자인 밤만쥬 등은 달걀 푼 것에 노른자만 더 섞어서 더 진한 색을 냅니다. 그 외에도 소박한 색을 내고 싶을 때는 우유를 바르기도 합니다. 아무 생각 없이 모든 반죽에 같은 달걀물을 바르는 것은 아니랍니다.

## 【 성형 】

⑲

브리오슈 아 테트 모양으로 성형한다. 32g 반죽 중앙에 중지로 구멍을 내고, 8g짜리 반죽을 작은 당근 모양으로 성형해서 얇은 쪽을 32g 반죽의 구멍에 꽂는다. 버터를 바른 꽃 모양 틀에 꾹 눌러 넣는다.

⑳

브리오슈 드 낭테르용 40g 반죽 6개를 다시 둥글려 버터를 바른 파운드틀에 사친처럼 넣는다.

## 【 최종 발효·굽기 전 작업 】

㉑

40~50분간 최종 발효를 한다. 발효 후 달걀물을 바른다. 그동안 오븐을 예열한다. 오븐 바닥에 스팀용 팬을 넣고 210도로 설정한다.

㉒

오븐에 넣기 전에 다시 한번 달걀물을 바른다. 달걀물이 틀에 흐르지 않도록 주의한다. 철제 틀을 사용하기 때문에 팬에 올리면 아랫부분에 열이 덜 전달되므로 망에 올린다.

㉓

반죽을 넣기 직전에 오븐 바닥에 놓아둔 스팀용 팬에 물을 200ml 붓는다(수증기가 급격히 발생하므로 주의한다).

## 【 굽기 】

㉔

바로 반죽을 오븐 하단에 넣고, 설정 온도를 200도로 낮춘다.

㉕

8~10분가량 굽는다. 골고루 구워지지 않는다면 망의 앞뒤 방향을 바꾸어 넣는다.

㉖

빵 전체에 먹음직스러운 색이 입혀졌다면 완성. 망을 오븐에서 꺼내어 작업대 위 10~20cm 높이에서 떨어뜨린다.

**Chef's comment**

## 【 최종 발효에서 굽기까지 】

### ● 성형

브리오슈 아 테트 틀은 크기가 다양하므로 틀 크기에 적당한 무게로 분할할 필요가 있습니다.

원래는 반죽의 20% 정도를 머리 모양으로 찍어올려 성형하지만 이 방법은 숙련되기 전까지는 어려우므로, 안정된 형태를 얻기 위해서 20% 정도의 반죽을 미리 떼어 당근 모양으로 만들고 남은 80% 반죽은 도너츠 모양으로 만들어 구멍에 끼웁니다.

한편 브리오슈 드 낭테르 반죽 6개는 다시 둥글려 틀에 담아 굽습니다. 버터를 바른 틀에 일정한 간격으로 넣어주세요.

### ● 최종 발효 · 굽기 전 작업

27도, 80%의 환경에서 시간을 들여 최종 발효합니다. 표면이 마르지 않게 주의하세요.

반죽에 약간 탄력이 남아 있는 상태에서 발효를 끝내고 표면을 살짝 말립니다. 이렇게 하면 달걀물이 잘 발립니다. 반죽 표면에 골고루 달걀물을 바르고 다시 건조시킨 후 오븐에 넣기 전에 한 번 더 바르세요. 이 반죽은 버터 비율이 높아서 달걀물을 바르기 까다롭기 때문에 두 번에 걸쳐서 바릅니다.

달걀은 거품기로 잘 휘저어 흰자와 노른자가 골고루 섞이게 합니다. 기포가 생기기 쉬우므로 전날 소금을 약간 넣어서 준비해두면 좋습니다. 만들어서 바로 쓸 경우에는 아깝더라도 기포가 있는 윗부분은 솔로 걷어냅니다.

### ● 굽기

200도에서 8~10분 동안 굽습니다. 구워지는 속도가 달라 얼룩덜룩해진다면 중간에 망의 방향을 바꾸어 넣어서 색이 고르게 입혀지도록 합니다. 범위 내에서 굽는 시간이 짧은 편이 더 윤기가 나고 껍질이 얇아집니다. 먹음직스러운 갈색이 되면 재빨리 오븐에서 꺼내어 망째로 작업대 위에 떨어뜨려 빵에 충격을 줍니다.

 **Bread making tips**

**응용편**

### 반죽을 보관했다가 나중에 굽는 방법

❶ 반죽을 분할할 때 필요한 양을 빼놓고 남은 반죽을 비닐봉지에 넣어서 1~2cm 내로 일정한 두께로 민 다음 냉장고에 보관합니다. 이 과정을 냉장 숙성이라고 합니다.

❷ 다음 날 혹은 그다음 날 반죽을 냉장고에서 꺼내어 과정 16번부터 작업을 진행합니다.

❸ 3일 이상 보관하려면 냉동실에 보관하세요. 냉동실의 반죽도 일주일 이내에 사용하는 것이 좋습니다. 빵을 굽기 전날 반죽을 냉동실에서 냉장실로 옮긴 다음 과정 16번부터 진행합니다.

**굽기**

브리오슈 드 낭테르는 14~16분 동안 굽습니다. 틀에 넣어 굽는 브리오슈 드 낭테르는 굽기 시간을 채우기 전에 윗면이 탈 듯하면 종이 등으로 덮어주세요. 유연하면서 무게감이 있는 복사지를 추천합니다.

# 팽 드 캄파뉴 PAIN DE CAMPAGNE

'시골빵'이라고도 불리며, 보통 호밀을 섞어서 만든 것이 많습니다. 호밀은 끈적거리는 편이므로 손으로 반죽할 때는 5% 이하로 배합합니다. 그래도 호밀의 풍미는 충분히 살릴 수 있습니다. 사실 제 가게에서는 반죽에 삶은 감자를 10% 넣습니다. 단맛이 나고 아주 맛있어진답니다. 여기에도 소개할게요.

캄파뉴

## 【 공정 】

| 반죽 | 손반죽 (40회, IDY 첨가 후 10회, AL 20분 후 파트 페르멘테 첨가 후 100회, 소금 첨가 후 100회, 감자 첨가 후 100회) |
|---|---|
| 반죽 온도 | 24~25도 |
| 발효 시간(27도, 75%) | 60분, 펀칭, 60분 |
| 분할·둥글리기 | 250g × 2개 |
| 벤치 타임 | 30분 |
| 성형 | 베개 모양 |
| 2차 발효(32도, 75%) | 50~70분 |
| 굽기(220→210도) | 25분 |

IDY: 인스턴트 드라이 이스트    AL: 오토리즈

# 배합(재료)

**Chef's comment**

## 【 재료를 고르는 법 】

일반적으로 프랑스빵용으로 사용하는 준강력분을 씁니다. 단백질이 많은 강력분으로 만들면 질기고 씹기 힘들어집니다.

호밀 전립분 말고 일반 호밀가루를 씁니다. 전립분에는 밀기울까지 포함되어 있어서 까칠하고 쓴맛이 나기 때문에 사용하지 않았습니다. 회분 함량이 다양한 호밀가루가 나와 있지만 5%만 넣을 것이므로 종류에 크게 신경 쓰지 않아도 좋습니다.

일반적인 인스턴트 드라이 이스트(레드)를 사용합니다.

몰트는 점도가 높아 계량하기 어려우므로 물로 2배 희석시킵니다. 장시간 보관하면 발효해버리므로 희석액은 한 번에 너무 많이 만들지 마세요.

이 빵에 들어가는 부재료는 소금뿐입니다. 만약 빵을 만들 때 특별한 소금을 사용하고 싶다면 이 빵에서 사용해보길 권합니다. 하지만 소금 맛을 빵 맛에 반영하기란 상당히 어렵답니다.

특별할 건 없습니다. 수돗물로 충분합니다.

| 재료 | 밀가루 250g 기준(g) | 베이커스 퍼센트(%) |
|---|---|---|
| 밀가루(준강력분) | 237.5 | 95 |
| 호밀가루 | 12.5 | 5 |
| 인스턴트 드라이 이스트 (레드) | 2 | 0.4 |
| 몰트 (유로 몰트, 2배 희석) | 1.5 | 0.6 |
| 파트 페르멘테 (전날 만들어둔 프랑스빵 반죽) | 75 | 30 |
| 소금 | 5 | 2 |
| 삶은 감자 | 25 | 10 |
| 물 | 160 | 64 |
| 합계 | 517.5 | 207 |

250g　캄파뉴 반죽 2개분

※ 감자는 삶거나 랩에 싸서 전자레인지에 돌려 준비해놓습니다.

## 【 반죽하기 】

①

비닐봉지에 두 종류의 가루를 넣고 공기를 머금도록 한 뒤 잘 흔든다. 비닐봉지 아래쪽을 손가락으로 눌러가며 봉지를 입체로 만들면 잘 섞인다.

②

몰트와 물을 넣는다. 그릇에 묻은 몰트도 분량 내의 물로 깨끗이 헹구어 넣는다.

③

다시 비닐봉지에 공기를 넣어 입체가 되도록 하고, 반죽이 봉지 안쪽 면에 강하게 부딪히도록 세게 흔든다.

④

반죽이 어느 정도 뭉쳐지면 비닐봉지째 힘껏 주무른다.

⑤

반죽을 작업대 위에 꺼내어 40번 정도 치대고, 인스턴트 드라이 이스트를 첨가한 뒤 10번 정도 더 치댄다.

건조주의 온도유지

⑥ **오토리즈 → 상세 87쪽 참고**

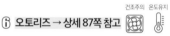

반죽을 둥글려서 이음매를 아래로 해 볼에 담고, 랩을 씌워 20분간 오토리즈한다.

## 【 반죽 온도 】

⑦

반죽을 꺼내 파트 페르멘테를 넣고 100번 치댄다. 그리고 반죽을 펴서 소금을 뿌린다. 균일하게 섞이도록 '늘이고 접기'를 100번 정도 반복한다.

⑧

반죽을 밀어 펴서 삶은 감자를 첨가한 뒤 '늘이고 접기'를 100번 더 반복해 반죽을 연결시킨다.

⑨

반죽 온도를 확인한다. 24~25도가 적당하다.

## 【 반죽에 대해서 】

### ● 반죽하기

밀가루와 호밀가루를 비닐봉지에 넣고, 탈탈 흔들어 균일하게 섞이게 합니다. 거기에 온도를 조절한 물과 몰트, 공기를 함께 넣어서 풍선 모양으로 부풀려서 세게 흔듭니다. 반죽을 봉지 안쪽 면에 강하게 두들긴다는 느낌으로 이 동작을 반복합니다.

어느 정도 뭉쳐지면 봉지째 반죽을 주물러 글루텐의 연결을 강화시킵니다. 그리고 반죽을 봉지에서 꺼내어 40번 정도 치대고, 인스턴트 드라이 이스트를 첨가한 뒤 다시 10번 정도 치댑니다. 한 덩어리로 뭉쳐서 마르지 않도록 해 20분간 오토리즈합니다.

20분 후, 부드러워진 반죽에 파트 페르멘테를 넣고 100번 치대고, 반죽을 펴서 소금을 넣은 뒤 100번 더 반죽합니다.

다시 한번 반죽을 펴서 삶은 감자를 넣고 100번 더 반죽합니다. 여기서 반죽하기를 끝내도 좋고, 좀 더 글루텐을 결합시켜도 좋습니다. 처음이니까 근사한 빵을 만들어보는 게 좋겠지요. 그러니 식빵만큼은 아니더라도 어느 정도 글루텐이 결합되도록 반죽을 오래 해도 좋습니다. 글루텐 체크를 해보아 약간 두터운 막이 생겼다면 완성입니다.

### ● 반죽 온도

반죽 온도는 24~25도가 목표입니다.

**글루텐 체크**

조금 두꺼운 편이지만 이만큼 늘어났을 때 반죽하기를 끝냅니다.

## 【 반죽 발효(1차 발효) 】

건조주의  온도유지

하나로 뭉쳐 볼에 담는다. 마르지 않도록 랩을 씌워 27도 가까운 환경에서 60분 동안 발효한다.

시간이 다 되면 손가락 구멍 테스트를 해보고 펀칭한다(반죽에서 가스를 빼고 다시 둥글린다).

건조주의  온도유지

다시 볼에 담고 랩을 씌운다. 10과 같은 환경에서 60분 더 발효한다.

## 【 분할·둥글리기 】 　　　　　　　　## 【 벤치 타임 】

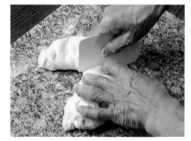

반죽을 반으로 나눈다.

두 반죽을 가볍게 다시 둥글린다(가볍게 두드리고 접어서 베개 모양으로 만든다).

건조주의  온도유지

30분간 벤치 타임을 가진다. 반죽이 마르지 않게 한다.

## 【 성형 】

반죽을 가볍게 두드려 타원형으로 만든다. 　 위와 아래에서 한 번씩 접어 3절접기를 한다. 　 양 옆 끝부분을 안으로 접어 넣는다. 　 이음매를 누른다. 　 다시 반으로 접어 손바닥 아랫부분으로 반죽을 눌러서 베개 모양으로 만든다.

## 【 발효에서 성형까지의 과정 】

### ● 반죽 발효(1차 발효)와 펀칭

27도, 75%의 환경에서 60분간 발효하고 펀칭(반죽을 볼에서 꺼내 가볍게 다시 둥글리기)한 뒤 60분 더 발효합니다. 보통 프랑스빵은 첫 발효 시간을 90분으로 잡는 경우가 많지만, 여기서는 발효력을 가진 반죽(파트 페르멘테)을 넣었기 때문에 시간을 단축할 수 있습니다.

　글루텐은 형상기억합금과 비슷한 성질을 가지고 있습니다. 발효될 때의 모양이 오븐 안에서 재현되니, 최종적인 빵의 모양과 비슷한 모양의 볼에서 발효하세요.

### ● 분할 · 둥글리기

여기서는 개당 250~260g 정도가 되도록 반죽을 이등분했지만, 발효와 굽기 과정에서 부피가 약 4배로 늘어난다는 것을 기억하고 집의 오븐, 팬의 크기에 맞는 사이즈로 분할하세요.

　둥글리기는 가볍게 해도 괜찮습니다. 성형 단계에서 만들 모양을 상상하면서 길게 성형할 반죽은 약간 기다랗게, 둥근 모양으로 성형할 반죽은 동그랗게 뭉칩니다.

### ● 벤치 타임

다른 빵보다 시간이 걸립니다. 30분 전후라고 생각하세요. 이때도 반죽이 마르지 않도록 주의합니다.

### ● 성형

프랑스빵 성형 시 힘의 강도 조절은 전문 제빵사에게도 어렵습니다. 힘을 과하게 주어 성형하면 글루텐이 너무 강해져서 빵이 잘 부풀지 못하므로 가볍게 성형합니다.

　동그랗게 성형할 때는 반네통(발효 바구니) 또는 일반 바구니에 천을 두르고 덧가루를 뿌린 뒤 반죽 윗면을 아래로 해서 넣습니다. 제빵 대회 같은 곳에서는 캄파뉴를 다양한 모양으로 성형한답니다. 만들기에 익숙해지면 여러분도 여러 가지 모양으로 만들어보세요.

---

**손가락 구멍 테스트**
중지를 깊이 찔러보아 반죽에 손가락 구멍이 그대로 남아 있다면 펀칭을 할 타이밍입니다.

**응용편** ▶

**반죽을 보관했다가 나중에 굽는 방법**

❶ 반죽을 분할할 때 1개를 빼놓고 남은 반죽을 비닐봉지에 넣어서 1~2cm 내로 일정한 두께로 민 다음 냉장고에 보관합니다. 이 과정을 냉장 숙성이라고 합니다.

❷ 다음 날 혹은 그다음 날 반죽을 냉장고에서 꺼내어(반죽 온도 약 5도) 따뜻한 곳에 1시간 정도 놓아둡니다.

❸ 반죽 온도가 17도 이상이 되었는지 확인하고 과정 13번부터 작업을 진행합니다.

※ 프랑스빵, 팽 드 캄파뉴 이외의 반죽은 냉동보관도 가능하지만, 설탕과 버터가 들어가지 않은 반죽은 냉동 보관이 알맞지 않습니다. 2~3일간 냉장 숙성이 한계입니다.

## 【 최종 발효·굽기 전 작업 】

건조주의  온도유지

### 17

주름을 잡은 캔버스천(또는 행주) 위에 올려 50~70분 동안 최종 발효를 한다. 그동안 오 븐을 예열한다. 오븐 바닥에는 스팀용 팬을 넣고, 오븐용 팬을 뒤집어서 상하단 중 하단 에 넣어둔다. 온도는 220도로 설정한다.

### 18

오븐 안으로 반죽을 넣을 수 있을 만한 크기 의 판(혹은 골판지) 위로 옮긴다. 이때 반죽마다 아래에 베이킹 시트를 깐다.

### 19

반죽에 수직으로 칼을 찔러넣어 격자형 칼집 을 낸다.

## 【 굽기 】

### 20

반죽을 올린 판을 오븐 안에 넣는다.

### 21

판을 단번에 빼내어 베이킹 시트와 반죽만 팬 위에 떨어뜨린다. 오븐 바닥에 넣어둔 스팀용 팬에 물을 50ml 붓는다(수증기가 급격히 발생하 므로 화상에 주의한다). 바로 오븐을 닫고 설정 온 도를 210도로 낮춘다.

### 22

굽기 시간은 25분 정도. 골고루 구워지지 않 는다면 한 번 오븐을 열어 팬의 앞뒤 방향을 바꾼다. 표면에 윤기가 부족하면 중간에 물을 분무한다. 빵 전체에 먹음직스럽게 색이 입혀 졌다면 완성.

## 【 최종 발효에서 굽기까지 】

### ● 최종 발효

32도, 75% 환경에서 최종 발효를 합니다. 50~70분 정도 걸립니다. 볼륨이 크고 가벼운 빵을 굽고 싶다면 발효를 오래 하는 편이 좋습니다.

### ● 굽기

210도, 25분을 목표로 합니다.

팬을 뒤집어서 오븐에 미리 넣어둡니다. 동시에 스팀용 팬도 오븐 바닥에 넣습니다.

오븐 팬과 같은 크기의 종이판에 베이킹 시트를 깔고, 그 위에 이음매 부분을 아래로 해서 반죽을 올립니다. 파도칼(양날 면도칼을 나무젓가락에 끼운 것도 좋습니다)로 표면에 칼집을 냅니다. 반죽 표면에서 수직으로 1~1.5cm 정도 깊이까지 찔러 넣습니다.

미리 뒤집어서 넣어둔 팬 위에 반죽을 올린 판을 넣고 재빨리 판만 빼냅니다. 팬 위에 제대로 반죽이 올려졌다면 얼른 오븐 바닥에 놓아둔 스팀용 팬에 물 50ml를 붓습니다. 급격히 발생하는 수증기가 오븐 내에 머무르도록 바로 문을 닫습니다.

이 일련의 동작으로 오븐 내 온도는 급격히 내려가므로 처음에는 오븐 온도를 10도 높은 220도로 설정해둡니다. 모든 동작이 끝난 뒤에 210도로 내려서 빵을 굽습니다. 골고루 구워지지 않을 때는 중간에 빵의 앞뒤 방향을 바꾸어주어 색이 균일하게 입혀지도록 조절합니다.

다 구워지면 오븐에서 빵을 꺼내어 하나씩 손에 들고 바닥을 두드려주세요. 톡톡 하는 가벼운 소리가 난다면 완성입니다. 둔하고 물기 있는 소리가 난다면 조금 더 구워야 합니다.

프랑스빵은 1개씩 가볍게 작업대에 떨어뜨려도 충격 효과가 있습니다.

**반죽을 이동시킬 판**

반죽을 오븐 삽입용 판(골판지) 위로 옮길 때, 반죽을 들어올릴 나무판이나 두꺼운 종이에 스타킹이나 타이즈와 같은 신축성이 있는 화학섬유를 씌워놓으면 반죽이 잘 달라붙지 않습니다.

# 데니시 페이스트리 DANISH PASTRY

크루아상을 더 리치하게 만든 결이 있는 빵입니다. 단단하고 당분이 적은 반죽에 롤인 버터를 많이 넣은 것이 덴마크 타입, 당분, 유지, 달걀이 들어간 스위트 롤 같은 반죽에 버터를 롤인한 것이 아메리칸 타입이며, 이 배합은 그 중간 정도로 생각하시면 됩니다.

바람개비

마름모꼴

| 삼각 | 크로캉 | 다이아몬드 | 빗 |

## 【 공정 】

| 반죽 | 손반죽(40회, IDY 첨가 후 150회, 소금 첨가 후 100회) |
|---|---|
| 반죽 온도 | 22~24도 |
| 방치 시간 | 30분 |
| 분할 | 없음 |
| 냉동(-20도) | 30~60분 |
| 냉장 | 1시간~하룻밤 |
| 롤인·접기 | 두께 6mm로 3절접기 3회 |
| 성형 | 정사각형(3mm 두께 50g × 12개) |
| 2차 발효(27도, 75%) | 50~70분 |
| 굽기(210→200도) | 10~12분 |

IDY: 인스턴트 드라이 이스트

# 배합(재료)

## Chef's comment

## 【 재료를 고르는 법 】

50g 반죽 12개분

강력분은 식감을 질기게 하므로 프랑스빵용(준강력분)을 사용합니다. 구하기 어렵다면 강력분에 중력분이나 박력분을 20% 정도 섞어 쓰세요.

저당용, 즉 일반적인 인스턴트 드라이 이스트(레드)를 사용합니다.

평소 요리에 쓰는 소금을 사용합니다.

평소 요리에 쓰는 설탕을 사용합니다.

맛있는 데니시 페이스트리를 만들고 싶다면 버터 혹은 발효 버터를 사용하세요. 반죽을 짧게 하므로 미리 실온에 내놓아 무른 상태의 버터를 반죽하는 초반부터 사용합니다.

색을 예쁘게 만들어줍니다. 흰자와 노른자를 전부 사용합니다.

부엌에 있는 우유면 됩니다.

이 빵은 다른 빵과 달리 반죽 온도 24도 이하, 가능하다면 22도 정도가 좋기 때문에 찬물을 사용합니다. 하룻밤 전에 수돗물을 페트병에 담아 냉장해두세요. 여름에는 이 페트병 냉수가 다른 빵 반죽을 만드는 데도 활약할 것입니다.

버터, 혹은 발효 버터를 미리(가능하다면 전날) 비닐봉지에 넣고 사방 20cm 크기의 정사각형으로 밀어 냉장고에 넣어둡니다 (139쪽 참고).

| 재료 | 밀가루 250g 기준(g) | 베이커스 퍼센트(%) |
|---|---|---|
| 밀가루(프랑스빵용) | 250 | 100 |
| 인스턴트 드라이 이스트(레드) | 7.5 | 3 |
| 소금 | 5 | 2 |
| 설탕 | 37.5 | 15 |
| 버터(실온 상태) | 37.5 | 15 |
| 달걀 | 37.5 | 15 |
| 우유 | 75 | 30 |
| 물 | 25 | 10 |
| 롤인용 버터 | 150 | 60 |
| 합계 | 625 | 250 |

기타 재료

- 달걀물(달걀과 물을 2:1 비율로 섞고 소금을 살짝 뿌린 것): 적당량
- 커스터드 크림, 호두 등 필링 재료: 적당량
- 살구잼, 서양배(통조림), 살구(통조림), 신선한 과일 등 토핑 재료: 적당량

## 데니시 페이스트리 DANISH PASTRY

## 【 반죽하기 】

1

비닐봉지에 밀가루와 설탕을 넣고 공기를 머금도록 한 뒤 잘 흔든다. 비닐봉지 아래쪽을 눌러가며 흔들면 봉지가 입체적으로 변해 가루가 잘 섞인다.

2

미리 실온에 내놓은 버터와 잘 풀어놓은 달걀, 우유, 물을 넣는다.

3

다시 비닐봉지에 공기를 넣어 입체가 되도록 하고, 반죽이 봉지 안쪽 면에 강하게 부딪히도록 흔든다. 반죽이 조금씩 덩어리지기 시작한다.

4

반죽이 어느 정도 뭉쳐지면 비닐봉지째 힘껏 주물러 반죽을 연결시킨다.

5

반죽을 작업대 위에 꺼내고 40번 정도 치댄 뒤 인스턴트 드라이 이스트를 첨가한다.

6

'늘이고 접기'를 150번 정도 반복한다.

## 【 반죽 온도 】

7

소금을 넣고 100번 더 반복한다.

8

반죽은 이 정도만 결합되어도 충분하다.

9

완성된 반죽의 온도를 확인한다. 22~24도가 적당하다.

## Chef's comment

### 【 반죽에 대해서 】

#### ● 반죽하기

이 반죽도 크루아상과 마찬가지로 글루텐을 확실히 형성할 필요가 없습니다. 중간에 버터를 층층이 넣고 접는 작업이 반죽을 하는 작업에 해당합니다. 처음부터 꼼꼼하게 반죽하면 버터를 넣어 접을 때 반죽을 늘이기 힘들어지고, 결과적으로 지나치게 반죽하게 됩니다.

이 반죽도 비닐봉지로 만드는 데 적합합니다. 먼저 가루류를 봉지에 넣어서 잘 흔들어 균일하게 혼합합니다. 그다음 실온에 두어 부드럽게 한 버터와 잘 풀어놓은 달걀, 차가운 우유, 물, 공기를 함께 넣어 입구를 막고 세차게 흔듭니다. 비닐봉지 안쪽에 반죽을 두드린다는 느낌으로 흔들어주세요. 어느 정도 뭉쳐지면 비닐봉지째 힘껏 주무르고, 그 후 반죽을 봉지에서 꺼내어 40번 정도 치댑니다.

다음으로 인스턴트 드라이 이스트를 첨가해 150번 정도 더 치대서 잘 섞이게 합니다. 글루텐이 형성될 정도로 주무를 필요는 없습니다. 다음으로 소금을 첨가해 100번 정도 치댑니다. 추가한 모든 재료가 골고루 섞이고, 손에 달라붙지 않을 때까지만 반죽하면 충분합니다. 약간 단단한 반죽입니다.

#### ● 반죽 온도

반죽의 목표 온도는 24도이며, 22도가 이상적입니다. 다른 반죽보다 온도가 낮으므로, 처음 재료 온도부터 신경을 씁니다. 밀가루는 실온에 둔 것을 씁니다. 수돗물은 계절에 따라 온도를 달리 합니다. 각 재료의 온도를 의식하고 반죽의 온도가 낮아지도록 반죽하는 환경과 수온을 조절합니다.

### COFFEE TIME

#### 효모와 온도

이 빵은 반죽의 온도가 낮아야 하므로 가루와 물의 온도가 빵 효모에 미치는 영향을 잘 이해하고 준비합시다. 여름에는 15도 이하의 물을 쓰기 때문에 인스턴트 드라이 이스트를 먼저 밀가루와 섞은 뒤 물을 부으면 이스트의 활성이 저하됩니다. 15도 이하의 반죽에 넣어도 마찬가지입니다. 인스턴트 드라이 이스트는 밀가루, 설탕에 온도를 조절한 물 등을 넣어 반죽을 한 다음, 반죽 온도가 15도 이상인 것을 확인하고 넣습니다.

**작업대 온도 조절**

큰 비닐봉지에 따뜻한 물(여름에는 차가운 물)을 1리터 정도 넣어서 공기를 빼고 물이 쏟아지지 않도록 꽉 묶어줍니다. 이것을 작업대의 빈 공간에 놓고, 가끔 반죽하는 위치와 비닐봉지의 위치를 바꿉니다. 작업대를 데우거나 식히면서 반죽하는 것이 실내 온도를 조절하는 것보다 효과적입니다. 사진과 같은 석제 작업대가 특히 온도가 잘 유지됩니다.

※크루아상과 마찬가지로 데니시 페이스트리도 글루텐을 단단히 결합시킬 필요가 없으므로 오토리즈는 하지 않습니다.

## 데니시 페이스트리 DANISH PASTRY

### 【 반죽 발효(1차 발효) 】

건조주의  온도유지

**10**

버터를 얇게 펴 바른 볼에 이음매를 아래로 해서 반죽을 넣는다. 27도 정도의 환경에서 30분간 발효한다. (정확히는 반죽을 쉬게 하는 것이다) 마르지 않도록 랩을 씌운다.

※이 사이에 롤인용 버터를 준비한다(139쪽 참고).

**11**

30분 후, 비닐봉지에 넣는다.

**12**

비닐봉지째 두께가 1cm가량 되도록 민다.

건조주의

**13**

냉동실에 넣어
30~60분간
충분히 냉각시킨다.

충분히 차가워졌는지 확인

건조주의

**14**

냉장실로 옮긴다.
60분에서 하룻밤 정도
냉장 숙성한다.

### 【 롤인·밀고 접기 】

**15**

비닐봉지 양쪽을 칼로 잘라 반죽을 꺼낸다. 롤인용 버터도 작업을 시작하기 15~30분 전에 냉장고에서 꺼내 반죽과 비슷한 굳기로 준비해둔다.

**16**

반죽을 롤인용 버터의 2배 크기로 늘인다. 롤인용 버터를 비닐봉지에 담은 상태로 올려보면 크기를 가늠하기 쉽다. 롤인용 버터도 반죽처럼 비닐봉지를 잘라 꺼내서 반죽 위에 45도 각도로 틀어 놓는다.

**17**

보자기를 싸듯 반죽을 접어 버터를 감싼다. 반죽 끝부분이 너무 많이 겹치지 않도록 주의한다. 반죽이 이어진 부분을 밀대로 누른다. 여기까지의 작업을 롤인이라고 부른다.

## 【 반죽 후 냉장 숙성까지의 과정 】

### ● 반죽 발효(1차 발효)

이 빵은 발효를 한다기보다는 반죽을 방치한다고 생각하세요. 반죽이 느슨해지고 매끈해지면 충분합니다. 실온에 약 30분간 방치합니다(이 30분 동안 롤인용 버터를 준비합니다).

30분 후 가볍게 가스를 빼고 비닐봉지에 넣어서 냉각합니다. 냉장고 안에서 발효와 숙성이 천천히 진행됩니다.

### ● 분할

이 레시피 정도의 양은 분할할 필요가 없습니다.

빵집에서처럼 대량으로 만든다면 반죽을 냉각시키기 전에 분할합니다.

### ● 냉동

비닐봉지에 반죽을 넣고 밀대로 1cm 두께로 밀어 넓혀주세요. 이 작업을 하면 반죽이 빨리 냉각됩니다. 냉동실에서 30~60분 동안 냉각합니다. 반죽 주위가 살짝 얼 정도면 됩니다. 오랜 시간 냉동했을 경우는 자기 전에 비닐봉지를 냉동실에서 냉장실로 옮겨주세요.

다음 날 롤인 작업을 하기 위해 냉장실에서 반죽을 꺼냅니다. 반죽을 꺼내기 15~30분 전에는 전날 준비해둔 버터를 냉장고에서 꺼내 실온에 두어 잘 밀리는 굳기로 만듭니다. 이 부분이 중요한 포인트입니다.

### 롤인용 버터 준비

① 버터를 같은 두께로 잘라 두꺼운 비닐봉지(가능하면 너비는 20cm 이상)에 넣습니다.

② 처음에는 손으로 눌러 으깹니다. 틈이 생기지 않도록 하세요.

③ 밀대로 때리거나 누르면서 늘입니다.

④ 사방 20cm 정사각형이 되었으면 냉장고에 넣습니다.

※버터는 롤인 작업을 시작하기 15~30분 전에 냉장고에서 꺼내어 반죽과 비슷한 굳기가 되도록 합니다.

18

20cm 너비는 그대로 두고 위아래로 길게 60cm 정도까지 늘인다

19

표면의 덧가루를 꼼꼼히 털어내고 3절로 접는다.

20

끝부분을 잘 맞춘다(3절접기 1회). 여기까지 작업한 뒤 반죽이 찐득거린다면 다시 비닐봉지에 넣어서 냉장고에서 식힌다.

21

3절접기한 반죽의 방향을 90도 바꾸어 조금 전과 똑같이 20cm 너비, 60cm 길이로 늘인다.

22

덧가루를 털어내고 3절로 접는다.

23

3절접기를 2회 완료했다.

24

비닐봉지에 넣어서 밀대로 모양을 잡는다. 이후 30분 이상 냉장고에서 식히며 휴지시킨다.

25

반죽이 차가워졌는지 확인하고 21, 22를 한 번 더 반복한다.

26

3절접기를 3회 완료했다. 다시 비닐봉지에 넣어서 냉장고에서 30분 이상 휴지시킨다.

Chef's comment

## 【 롤인·밀고 접기에 관해 】

### ● 롤인 · 밀고 접기

이제 반죽으로 버터를 감싸겠습니다. 냉장고에서 꺼낸 반죽의 비닐봉지를 벗기고, 준비한 롤인용 버터 2배 크기의 정사각형으로 늘입니다. 이 반죽 위에 롤인용 버터를 45도 각도로 틀어 올려놓습니다.

보자기로 상자를 감싸듯이 아래쪽 반죽을 롤인용 버터 위로 접고 확실히 여며 버터를 완전히 감싸도록 합니다. 제대로 여미지 않으면 밀대로 반죽을 밀 때 버터가 삐져나옵니다.

길이가 3배가 되도록 한 방향으로 밀어 늘입니다. 천천히, 조금씩 밀어주세요. 반죽과 버터의 굳기가 같아야 하는 것이 포인트입니다. 이것만 지키면 의외로 간단하고 매끄럽게 반죽이 늘어날 것입니다.

3배로 늘어났다면 반죽을 3절로 접습니다. 이 작업 중 반죽 온도가 올라가서 끈적거리기 시작했다면 반죽을 비닐봉지에 넣어 30분 정도 냉장합니다. 다시 방향을 바꾸어 3배로 늘이고 3절로 접은 뒤 비닐봉지에 넣어 냉장고에서 30분간 식힙니다. 30분 후 다시 90도 돌려서 반죽을 3배로 늘이고 3절로 접습니다. 이렇게 하면 반죽은 3×3×3+1=28겹이 됩니다.

## COFFEE TIME

### 3×3×3+1의 1은 무엇?

이 '1'은 어디서 왔는지 궁금하신가요? 직접 그림으로 그려보세요. 처음 롤인을 할 때 반죽은 위아래로 2겹입니다.

**여분의 덧가루를 털어내자**
반죽을 접을 때 덧가루가 묻어 있다면 꼼꼼히 털어냅니다.

## 【 성형 】

27

반죽이 충분히 차가워졌는지 확인하고 비닐봉지에서 꺼낸다. 다시 너비 20cm, 두께 3mm가 될 때까지 위아래로 민다.

28

가장자리를 잘라낸다. 이 반죽들은 따로 모아 냉장고에 넣는다.

29

10cm×10cm의 정사각형으로 자른다. 50g 짜리 12개, 혹은 60g짜리 10개를 만들 수 있다. 자르고 난 반죽은 다시 냉장고에 넣어 반죽 온도를 냉장고 온도까지 내린다(약 30분).

### 30 반죽이 충분히 차가워졌는지 확인하고 성형한다

바람개비

★네 귀퉁이를 눌러 붙인 뒤 가운데에 커스터드 크림을 약간 짜놓으면 발효 때문에 생기는 팽창이 억제되어 토핑을 올리기 쉽다.

정사각형의 꼭짓점에서부터 대각선으로 칼집을 넣는다. 접착시킬 부분에 달걀물을 바른다. 반죽의 네 귀퉁이를 가운데로 접어서 확실히 눌러준다.

31

★가운데에 커스터드 크림을 약간 짜놓으면 발효로 생기는 팽창이 억제되어 토핑을 올리기 쉽다.

대각선으로 반 접고 가장자리에서 8mm 떨어뜨려 꼭짓점부터 1cm 남기고 자른다. 다시 펼쳐서 잘린 가장자리 부분에 달걀물을 바른다. 하나씩 들어 교차시킨다.

32

정사각형 중앙에 직선으로 커스터드 크림을 짜서 올린다. 접착할 부분에 달걀물을 바르고 반 접는다. 바깥쪽에 칼집을 다섯 군데 넣고 부채 모양으로 벌린다.

## Chef's comment

## 【 성형에 관해 】

### ● 성형

3겹으로 3번 접은 반죽은 30분 이상(제대로 냉각시키려면 시간을 길게 잡으세요) 냉장고에서 휴지시킨 후 성형에 들어갑니다.

반죽을 너비 약 20cm, 두께 3mm가 되도록 얇게 늘여주세요. 그다음 식칼 혹은 피자 커터로 10cm 정사각형으로 자릅니다. 전부 자르고 나면 잠시 쉬어줍니다. 여기까지 작업한 뒤에는 반죽 온도가 올라 버터가 녹기 시작하므로, 정사각형으로 자른 반죽을 트레이에 올려서 반죽이 다시 단단해질 때까지 약 30분간 냉장고에서 식힙니다.

30분 후, 반죽이 차갑고 단단해졌는지 확인하고 성형 작업에 들어갑니다. 최종 발효, 오븐을 거치면서 약 3~4배로 부풀어오른다는 점을 고려해 반죽 사이에 충분히 간격을 주세요.

이대로 최종 발효를 하면 가운데가 부풀어올라 과일을 올리기 힘들어지므로 커스터드 크림을 누름돌 대신 약간 짜놓으면 오목하게 만들 수 있습니다.

### Bread making tips

**응용편**

**반죽을 보관했다가 나중에 굽는 방법**

❶ 정사각형으로 자른 뒤 마르지 않도록 비닐봉지에 넣어 냉동합니다. 냉장실에 넣으면 느리게나마 발효가 진행되기 때문에 정성껏 만든 버터 층이 사라집니다.

❷ 다음 날, 혹은 2~3일 후 반죽을 냉동실에서 꺼내어 실온에 10분 정도 두었다가 과정 30번부터 진행합니다. 냉동한 반죽도 일주일 이내에 사용하세요.

**커스터드 크림 만들기→68쪽 참고**

### 33

정사각형 네 귀퉁이에 달걀물을 바르고 중앙으로 잡아당겨 접은 후 꾹 눌러서 붙인다.

★네 귀퉁이를 눌러 붙인 뒤 가운데에 커스터드 크림을 약간 짜놓으면 발효로 생기는 팽창이 억제되어 토핑을 올리기 쉽다.

### 34

정사각형 가운데에 대각선으로 커스터드 크림을 짜서 올린다. 접착할 부분에 달걀물을 바르고 대각선으로 반 접는다.

### 35

분할 시 나온 가장자리 반죽을 1cm 폭으로 자르고 알루미늄 컵에 넣어 그래뉴당과 호두를 뿌린다.

## 【 최종 발효·굽기 전 작업 】

③⑥

팬에 충분한 간격을 두고 올려놓고 27도, 75%에서 50~70분간 최종 발효를 한다. 한 번에 다 구울 수 없을 때는 나중에 구울 분량을 온도가 낮은 곳에 두어야 한다. 오븐 바닥에 스팀용 팬을 넣고 210도로 예열한다.

③⑦

발효가 끝나면 달걀물을 바른다. 반죽의 절단면에는 달걀물이 묻지 않도록 주의한다. 바람개비 가운데에는 살구를, 마름모꼴 가운데에는 얇게 썬 서양배를 올리고 달걀물이 반 정도 마르면 오븐에 넣는다. 반죽을 넣기 직전에 바닥에 넣어둔 스팀용 팬에 물을 200ml 붓는다(수증기가 급격히 발생하므로 주의한다). 올리는 과일은 복숭아, 파인애플(통조림으로 된 것만 가능), 귤 등 집에 있는 과일이나 통조림이면 어떤 것이든 좋다.

## 【 굽기 】

③⑧

물을 부은 후 바로 반죽을 올린 팬을 넣는다. 오븐 팬이 상하단 두 곳에 들어갈 경우 하단에 넣는다. 오븐을 닫고 설정 온도를 200도로 낮춘다.

③⑨

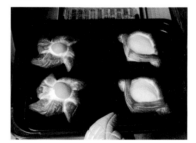

10~12분가량 굽는다. 골고루 구워지지 않는다면 색이 돌기 시작할 즈음 오븐을 열어 팬의 앞뒤 방향을 바꾼다.

④⓪

빵 전체에 먹음직스럽게 색이 입혀졌다면 오븐에서 꺼내어 작업대 위 10~20cm 높이에서 팬째로 떨어뜨려 충격을 준다.

### 두 번째 팬을 넣을 때

최종 발효가 완료된 빗 모양, 다이아몬드 모양, 삼각 모양에는 달걀물을 바른다. 크로캉에는 그래뉴당을 한 번 더 뿌린 뒤 달걀물을 바른다. 210도로 재설정해 38~40을 반복한다.

**Chef's comment**

## 【 최종 발효에서 굽기까지 】

### ● 최종 발효

27도, 75%에서 최종 발효를 합니다. 버터가 녹는 온도는 32도이므로 32도보다 5도 낮은 27도 이하의 환경에서 발효하세요. 발효 시간은 60분 전후입니다.

### ● 굽기

최종 발효를 마치고 표면에 달걀물을 바릅니다. 버터 층에 달걀물이 묻으면 애써 만든 버터 층이 예쁘게 부풀지 않게 됩니다. 달걀물은 가능한 버터 층을 피해서 발라주세요.

200도에서 10~12분 정도 굽습니다. 이 빵은 천천히 구워야 빵의 수분이 날아가고, 버터가 녹아 눌면서 그 향이 빵에 스며들어 더 맛있어집니다. 오븐 온도가 너무 낮으면 윤기 나는 예쁜 색이 돌지 않으니 주의하세요.

이 빵은 특히 오븐에서 꺼낸 뒤 충격을 주는 것이 중요합니다. 1개만 빼놓고 다른 빵들을 팬째로 작업대 위에 힘주어 떨어뜨려보세요. 충격을 준 빵이 층도 예쁘게 남고, 식감도 좋다는 것을 비교할 수 있습니다.

**두 번째 팬**

팬이 모자랄 때, 혹은 팬에 버터를 바를 수 없을 때는 베이킹 시트를 이용하세요. 발효에서 굽기까지 반죽을 건드리지 않고 옮길 수 있습니다.

구워져 나온 바람개비, 마름모꼴 페이스트리에는 물을 섞어 가열한 살구잼을 바른다.

구워져 나온 다이아몬드 페이스트리에는 커스터드 크림을 짜올리고, 딸기나 블루베리 등으로 장식한다.

# 마 치 며

어떠세요? 재밌게 읽으셨나요? 그리고 재밌게 빵을 구우셨나요?

10종류의 빵을 구웠지만, 이것이 20종류, 50종류로 늘어나는 것은 여러분의 탐구심과 적극성에 달렸습니다. 일본에는 9000곳이나 되는 빵집이 있습니다. 여러분 집 주변에도 맛있는 빵집이 있고, 그 빵집의 맛과 향을 즐기고 계실 거예요. 큰마음 먹고 여러분이 만든 빵을 그 빵집에 보여주시는 건 어떨까요? 세계의 빵집들은 다들 놀랍도록 친절하답니다. 분명 좋은 선생님이자 주치의가 되어줄 거예요.

'빵을 굽는 사람은 멋쟁이여야 한다'는 말이 있습니다. 빵을 굽는 데는 반죽을 만들고, 예쁘게 성형하고, 황금빛이 도는 갈색으로 구워내는 감성과, 빵이 어떻게 부풀며 매력적인 맛과 향이 나는지 과학적으로 탐구하는 이성이 필요합니다. 자신의 전 인격을 부딪쳐야만 맛있는 빵을 구울 수 있으며, 빵 만들기에는 그렇게 전력을 쏟을 만한 가치가 분명히 있습니다.

이 책은 모든 빵을 시판 인스턴트 드라이 이스트로 만들었습니다. 저는 앞으로 시판 빵 효모 대신 자가발효종을 쓰면 빵이 어떻게 변하는지, 혹은 국산 밀가루로 빵을 만들기 위해서는 레시피를 어떻게 바꾸어야 하는지, 어떤 빵을 구울 수 있는지, 구워진 빵이 어떻게 다른지 등을 탐구해보고자 합니다.

여러분은 이제 빵 만들기의 세계에 한 걸음 발을 내딛었을 뿐입니다. 그 앞에는 넓고 즐거운 세계가 기다리고 있습니다. 시간이 나면 제 가게에서 이 책을 기반으로 빵 만들기 교실도 열고자 합니다. 그때는 가게 페이스북에 올리겠습니다. 멋진 빵 만들기의 세계에서 함께하기를 고대하고 있겠습니다.

## 빵집 주인 분들께

고객 중에 빵을 좋아하는 분들을 모아 베이킹 교실을 열어주세요. 손반죽
만으로 빵을 만드는 것은 생각보다 어렵습니다. 늘 기계의 도움을 받아
맛있는 빵을 굽고 있어도, 손으로 만들면 처음에는 고전하게 되는 법입니
다. 손반죽에는 손반죽 나름의 어려움과 포인트가 있습니다.
빵을 좋아하는 고객들은 장래에 가게를 지탱해줄 든든한 파트너입니다.
빵 만들기를 공통의 취미로 삼아 SNS 등으로 정보를 교환하면 가게의
가능성도 더 넓어지리라 믿습니다.